Osprey Campaign
オスプレイ・ミリタリー・シリーズ

「世界の戦場イラストレイテッド」
5

タラワ1943
―形勢の転換点―

[著]
デリック・ライト
[カラー・イラスト]
ハワード・ジェラード
[訳]
平田光夫

Tarawa 1943
The turning of the tide

Text by
Derrick Wright

Illustrated by
Howard Gerrard

大日本絵画

◎著者紹介

デリック・ライト
1928年生まれ、頻繁に空襲を受けたティーズサイド近郊で幼時を過ごすうち、第二次大戦に終生変わらない興味を抱く。西ハートルプール美術学校に入学し、ポーツマスで2年間兵役をつとめる。除隊後、超音波工学を専攻。彼は長年の研究を通じて数多くの太平洋戦争の帰還兵たちと親交を結び、貴重な証言を得ている。

ハワード・ジェラード
20年以上の経験をもつフリーのデザイナー兼イラストレーター。多くの出版社に作品を提供する航空画家協会会員。

編者謝辞
計り知れない助力と本書に掲載された地図、鳥瞰図、戦場配置図の元資料を提供してくれたジム・モランに深く感謝する。

著者謝辞
1993年に自身で撮影したベティオ島の写真を提供してくれたジム・モランに感謝を。
その他の写真提供者名は本文中に記した。
Dデイ上陸作戦時の手記についてはメルヴィン・F・スワンゴ、故ボブ・リビーの息子クリント・リビー、ドナルド・タイソンの各氏から引用の許可をいただいた。
従軍画家カー・イービーによる素描の収録はワシントンDC海軍戦史センター海軍美術コレクションのご好意による。

目次 contents

7	戦闘までの経緯	ORIGINS OF THE CAMPAIGN
12	年表	CHRONOLOGY
13	両軍の指揮官	OPPOSING COMMANDERS

アメリカ軍・日本軍
American, Japanese

18 両軍の部隊
OPPOSING ARMIES
アメリカ海兵隊第2師団・アメリカ海軍
日本海軍特別陸戦隊
The 2nd Division, United States Marine Corps, The United States Navy
Japanese Special Naval Landing Forces

22 両軍の作戦計画
OPPOSING PLANS
アメリカ軍・日本軍
American, Japanese

26 戦闘
THE BATTLE
Dデイ・レッドビーチ1-午前・レッドビーチ2-午前・レッドビーチ3-午前
D-day, Red Beach 1 - morning, Red Beach 2 - morning, Red Beach 3 - morning
その他の作戦行動／レッドビーチ1-午後・レッドビーチ2および3午後
Other Operations / Red Beach 1 - afternoon, Red Beach 2 and 3 afternoon
守備隊・Dデイ+1・Dデイ+2・Dデイ+3
The Defenders, D-day+1, D-day+2, D-day+3

82 その後
AFTERMATH

85 名誉勲章受賞者
MEDAL OF HONORS WINNERS

89 今日の戦場
THE BATTLEFIELD TODAY

91 付録
APPENDICES

94 関連図書
FURTHER READING

戦闘までの経緯
ORIGINS OF THE CAMPAIGN

　1853年、東京湾に到着したマシュー・ペリー提督の"黒船"艦隊をきっかけに、日本は数百年間続いた鎖国と封建制度の時代から近代大国への道を踏み出した。日本人は進歩のためには閉鎖的な孤立主義は捨てなければならないと悟ると、明治天皇のもとで西洋式の憲法を制定し、1890年には国会を設立したが、その実権は天皇と内閣のあいだに座を占めていた軍閥と枢密院が陰で握っていた。

　人口が増加し、天然資源が不足すると、領土拡張が優先課題とされた。小笠原諸島、千島諸島、沖縄が領土に編入され、1894年には朝鮮政府が転覆されて傀儡政府が樹立された。1904年には満州と朝鮮での権益をめぐる対立からロシアとのあいだに宣戦布告なき戦争が勃発した。日本は旅順港で目ざましい軍事的成功を収め、対馬沖の大海戦ではロシア海軍をわずかな損失で撃破した。

　第一次大戦の開戦はさらなる領土拡張の機会を労なくしてもたらした。連合国側についていた日本はドイツが領有していた中国の領土と中央太平洋の島々を手に入れた。1919年のヴェルサイユ休戦条約ではマリアナ諸島のサイパン島とテニアン島、さらにカロリン諸島、マーシャル諸島などの1941年以降に外郭防衛線として計り知れない価値を持つようになる島々が割譲された。

　1921～22年のワシントン海軍会議は太平洋における米、英、日の海軍力の単独的優越をトン数制限によって防ぐために開催された。しかし1920年代末に大西洋をはさんだ馴れ合いによりアメリカとイギリスに承認された特別トン数枠を知ると、日本は屈辱的なこの条約に失望した。

　中国はかねてより天然資源の宝庫と見られていたが、1931年に日本が保有していた満州鉄道の爆破事件が発生すると、日本人の生命と財産を保護するという口実で軍事介入が実施された。欧米との関係は1933年の国際連盟脱退、1935年のワシントン海軍条約破棄と、徐々に悪化していった。1937年には中国との全面戦争が勃発し、日本は世界最大の7万2千トン級

西から見たベティオ島。戦闘後の撮影で、島の大きさ、広い面積を占める飛行場、手前側のグリーンビーチがよくわかる。ここで76時間のあいだに5,600人以上の人命が失われたとは、にわかには信じがたい。（US Air Force）

シャーマン戦車はベティオ島攻略戦で重要な役割を果たし、抵抗拠点の掃討では歩兵部隊の貴重な支援戦力となった。(National Archives)

戦艦、大和と武蔵の建造という海軍力拡大計画に乗り出した。

　中国での占領地の拡大は急速かつ広範囲にわたり、ヨーロッパで大戦が勃発した1939年には日本軍は仏領インドシナ（ヴェトナム）へ出兵した。1940年の三国同盟によりドイツとイタリアと結ぶ一方、日本は1941年の日ソ中立条約により北方の国境線も確保していた。不穏な情勢を鑑みたアメリカが米国内の日本資産を凍結する一方、イギリスとオランダ領東インドは日本への石油輸出を全面禁止し、日本はその石油需要の90％を断たれた。こうして戦争の種は蒔かれ、1941年10月に主戦派の東条英機大将の総理就任によって対立は加速された。

　この当時十数年間にわたってアメリカ海軍はその太平洋演習を"プラン・オレンジ"と称して行なっていたが、これが対日戦を想定していたのは明々白々だった。これは日本がアメリカ本土およびその基地を攻撃する能力のある唯一の太平洋沿岸国であり、その意図があったためだった。1941年12月7日の真珠湾攻撃は、奇襲になったこと自体が驚きだった。

　日本海海戦の勇士であり海軍航空隊の擁護者である山本五十六提督の発案によるこの攻撃がアメリカ太平洋艦隊に与えた打撃は大きく、その衝撃は米国全土に広がった。"拭い去れぬ非道の日"はアメリカを日本、ドイツ、イタリアに対する戦争に引きずり込み、第二次世界大戦の重大な転換点となったのだった。

　真珠湾ののち、太平洋戦争の最初の一年は連合軍にとって敗北の連続だった。フィリピンは陸と空から攻撃された結果、1942年4月に陥落し、マッカーサー大将は無様に退却した。イギリス戦艦HMSプリンス・オブ・ウェールズとHMSレパルスは12月に日本軍航空隊の餌食になり、マレー北方で撃沈された。同月、グアム島とウェーク島も陥落。2月、英軍のシンガポール要塞が武運つたなくパーシヴァル中将とともに降伏。

　1月に日本軍はビルマとニューギニアへ侵攻し、3月には石油埋蔵量の豊富なオランダ領東インドを占領した。破竹の勢いにかげりが見え出したのは1942年5月だった。ニューギニアのポートモレスビーをめざす日本軍侵攻艦隊がフレッチャー提督の第17任務部隊に迎撃され、続く珊瑚海海戦で日本軍は翔鳳を、アメリカ軍はUSSレキシントンを、各1隻の空母を失った。アメリカ側にとっては決定的な勝利ではなかったが、この戦い

によってポートモレスビーへの上陸が無期限延期となった。

　山本は小環礁ミッドウェイへの攻撃を餌に、アメリカ海軍の残存部隊を総決戦におびき寄せ、帝国海軍の圧倒的な戦力で一気に殲滅しようと目論んでいた。しかし彼はアメリカ軍の暗号解読者がミッドウェイ作戦に関する日本軍の暗号電文の90%近くを解読していたことを知らなかった。そのおかげで米海軍はフレッチャー、スプルーアンス両提督麾下の少戦力でも戦術的優位を獲得でき、アメリカ空母1隻の損失に対して4隻の日本空母を撃沈することに成功した。今日太平洋戦争の転換点と認められているミッドウェイ海戦により、日本軍の進撃は食い止められたのだった。1942年の夏以降、ニューギニアにおける米軍と豪軍による激しい戦闘と、ソロモン諸島ガダルカナルにおける第1海兵師団による壮絶な戦いにより、敵はまず食い止められ、やがて撃退されるようになった。

　1943年のカサブランカ会議で連合軍の最優先目標は対ドイツ戦の勝利であると議決されたが、そこでは太平洋戦域における反撃の一層の強化も決定されていた。3月にワシントンで開かれた太平洋軍事会議においてマッカーサー大将はニューギニアとフィリピンを経由する北上進撃の強化を主張したが、キングおよびニミッツ提督は太平洋中央部を進撃する"飛び石"戦略を提唱した。両方針はいずれも統合参謀本部に黙認され、ニミッツはスプルーアンス提督の助力を得て1943年11月を目処に敵外郭防衛線に対する上陸作戦の準備を開始した。

　日本は第一次世界大戦後に割譲された島嶼と環礁を利用してマリアナ諸島、パラオ諸島、カロリン諸島から東のマーシャル諸島まで伸びる外郭防衛線を確立していた。カロリン諸島の中央にあるトラック島は海軍の主力基地―太平洋のジブラルタルとなっていた。

　1942年8月のギルバート諸島北部のマキン島に対する海兵隊強襲大隊による攻撃は、日本軍にギルバート諸島の無防備さを認識させ、同地域の申し訳程度だった守備隊は大規模な派遣軍で増強された。飛行場建設に最適だったため、タラワ環礁のベティオ島（現地発音は"ベイショ"）が主力基地に選ばれ、9月から設営大隊が防御施設の建設を開始した。

　タラワ島はハワイの南西4,020キロ、トラック島の南東2,100キロという

イギリスのブレンガンに似た設計の日本軍の7.7ミリ九九式軽機関銃。ベティオ島には100挺ほどあった。（National Archives）

日本の占領範囲、1943年11月

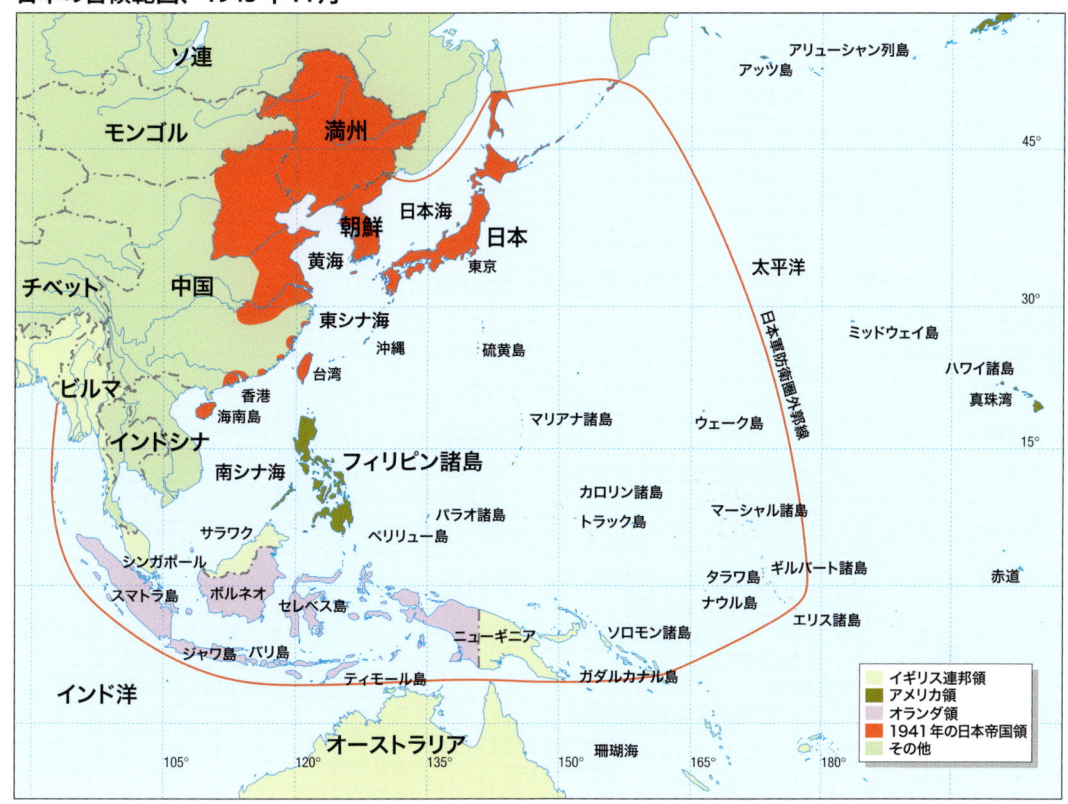

独特の位置にある。北と西にはマーシャル諸島とカロリン諸島が連なり、南と東には連合軍の基地があった。日本の外郭防衛線の最南端にあたった同島は、ハワイおよびアメリカ本土と南太平洋、オーストラリア、ニュージーランドとを結ぶ生命線の要に位置していた。この生命線の維持は絶対不可欠だったため、1942年から1943年初めまで連合軍の作戦の大部分はその一端で実施されていた。1942年のガダルカナル上陸やパプアニューギニア攻略戦により、オーストラリアを脅かしていた日本軍の前線は確実に押し戻されていった。

　中央太平洋侵攻作戦において、当初第一目標とされたのはマーシャル諸島だった。第一次世界大戦後に日本に割譲されたため、その防御体制はほとんど不明だったが、強力で大規模な守備隊がいるものと考えられていた。トラック島と比較的距離が近く、陸海からの反撃が予想されたため、スプルーアンスと彼の作戦班は海兵隊の上陸作戦の第一弾としては危険すぎるとして断念した。アメリカは真珠湾以後、海軍戦力の再建に躍起になっていたがまだ充分ではなく、上陸部隊の支援は大半を旧式な艦艇に頼らざるをえなかった。攻撃目標となる島は現在投入できる装備と兵力で攻略可能なものとされた。だがその判断は誤っていたことが、その後明らかになるのだった。

　ギルバート諸島はごく最近までイギリス領だったため、アメリカ軍はこの島々の最新情報を英国や英連邦諸国籍の脱出者から広く集めることができた。1943年9月にハワイで開かれた会議でタラワ島、マキン島、小島ア

パママへの侵攻作戦が"飛び石"作戦の第一弾、ガルヴァニック（直流）作戦として立案され、承認を受けた。

　戦争のこの時点ではこのような複雑で危険な作戦が果たして成功するのか、またその代償がどれほどになるのかを誰も知らなかった。海兵隊第2師団がその任に選ばれ、まもなくそれを知ることになった。

年表
CHRONOLOGY

1941年

12月7日	日本軍航空隊、真珠湾を攻撃。アメリカ、日本に宣戦布告。
12月8日	日本軍、フィリピン、香港、マレー、ウェーク島を攻撃。
12月10日	HMSプリンス・オブ・ウェールズとHMSレパルス、マレー東岸沖にて撃沈される。
12月11日	ドイツとイタリア、アメリカに宣戦布告。
12月24日	日本軍、ウェーク島を占領。
12月25日	香港、日本軍に陥落。
12月31日	日本軍、フィリピンの首都マニラに入城。

1942年

1月16日	日本軍、ビルマ国境を越境。
2月15日	パーシヴァル中将、山下中将に降伏。シンガポール陥落。
3月12日	マッカーサー大将、フィリピンを脱出。
5月4-7日	太平洋戦争の転換点、ミッドウェイ海戦。
5月6日	フィリピン駐留アメリカ軍、全面降伏。
5月7日	珊瑚海海戦、日本軍のポートモレスビー上陸が阻止される。
8月7日	アメリカ海兵隊、ソロモン諸島ガダルカナル島に上陸。
8月17日	アメリカ海兵隊強襲大隊、ギルバート諸島マキン島を攻撃。
10月11日	ガダルカナル島エスペランス岬沖海戦。

1943年

1月4日	日本軍、ガダルカナル島より撤退開始。
2月1日	ガダルカナル島より全日本軍部隊撤退。
3月2-5日	ビスマーク海海戦、日本艦隊ラエ沖にて撃沈される。
4月18日	山本提督、乗機がブーゲンヴィル上空にて米軍戦闘機に撃墜され戦死。
6月30日	ソロモン諸島の日本軍に対する上陸作戦、カートウィール作戦。
9月	ハワイ会議にてガルヴァニック作戦策定される。
8月28日	日本軍、ソロモン諸島ニュージョージア島より撤退。
11月1日	第2海兵師団、ニュージーランドのウェリントンをタラワ島に向け出発。
11月13日	第27歩兵師団を乗せた船団、ニューヘブリディーズ諸島を出発。
11月20日	Dデイ、タラワ侵攻作戦開始。
0300時	輸送船団、兵員の揚陸艇移乗を開始。
0441時	赤色照明弾で日本軍をベティオ島に確認。
0500時	キングフィッシャー観測機発進。日本軍、戦艦メリーランドを砲撃。
0530時	兵員輸送船団、南向き海流に流される。
0600時	掃海艇隊、珊瑚礁入口を掃海開始。
0735時	支援艦隊による総砲撃。
0900時	兵員上陸開始。
午後遅く	リングゴールド、ダシールによる一斉砲撃により柴崎提督と幕僚ら戦死。
11月21日	Dデイ+1 第6海兵連隊上陸。
午後	日本軍部隊のバイリキ島への移動が確認される。
2030時	メリット・エドソン大佐上陸、指揮を引き継ぐ。
11月22日	Dデイ+2 ヘイズ少佐麾下の第8第1、"ポケット"を攻撃開始。
11月23日	Dデイ+3
0300時	第6第1の陣地へ"バンザイ"突撃。
0700-0730時	駆逐艦隊、残存守備隊を砲撃。
1300時	米軍、島東端を掌握。"ポケット"陥落。ベティオ島の日本軍の抵抗、ほぼ終息。
11月24日	星条旗とユニオンジャックが掲揚される。
11月27日	ナア島の日本軍残存守備隊壊滅。タラワの戦い、完全終結。

両軍の指揮官
OPPOSING COMMANDERS

チェスター・W・ニミッツ艦隊提督。第二次世界大戦最高の指揮官の一人であり、太平洋艦隊司令長官だったニミッツは、太平洋戦争終結まで続いた海兵隊の"飛び石"作戦の総監督だった。1945年まで彼は6個の海兵隊師団を指揮していただけでなく、世界最大の海軍の最高司令官だった。(US Navy)

アメリカ軍
AMERICAN

　太平洋戦域のアメリカ海兵隊は海軍の下位組織として、太平洋艦隊司令長官チェスター・W・ニミッツ大将の直接指揮下におかれていた。ニミッツは寡黙な勉強家で、傑出した指導者だった。太平洋戦争の直前、彼は21名の提督と将軍、6個の海兵隊師団、5,000機の航空機、そして世界史上最大の海軍を統率していた。真珠湾の惨劇後、急遽ハワイ入りした彼はその前任者ハズバンド・キンメル大将と陸軍側の司令官ウォルター・ショート少将を大敗北の責任により解任した。今日、この二人は最上層部の失策のスケープゴートにされたというのが定説である。

　ドイツ系移民の子孫であるテキサス人で、1885年にフレデリックスバーグで生まれた彼は1908年に潜水艦隊に着任し、第一次世界大戦終結まで勤務した。大戦間期にさまざまな職務を経験したのち、第二次世界大戦開戦時にはワシントンの航海局局長となっていた彼は、キンメルの突然の解任後、その後任と目されていたパイ海軍中将を追い抜いて太平洋艦隊司令長官に任命された。ニミッツは気難しい同僚との付き合いもうまく、きわめて人望が厚かったが、その手腕は海兵隊の"飛び石"戦略を実行不可能だと始終けなしていた傲慢なうぬぼれ屋のダグラス・マッカーサーとの協同作戦でも発揮された。彼は間違いなく太平洋方面における最も重要な連合軍指揮官であり、アメリカ史上最大の提督だった。日本の降伏後、彼はキング大将の後継として海軍作戦部長に就任し、1949年からは国連親善大使となり、1952年の退役までつとめた。彼は1966年にサンフランシスコで81歳で死去した。

　彼の直属の上官、海軍作戦部長アーネスト・キング大将はニミッツとは考えられる限り正反対の人物だった。高慢で横柄ですぐに怒る彼は、会った人のほとんどから嫌われた。チャーチルは彼を毛嫌いし、アイゼンハワーは戦争を早く終わらせたいなら誰かにアーニー・キングを射ち殺させるのが一番だと語ったという。

　イギリス嫌いで有名だった彼はアメリカ東海岸沖におけるドイツ軍Uボートの動きを逐一特定していた英軍情報部の報告書を無視し続けたが、その結果、連合国とアメリカの商船と乗組員に多大な損害が生じた。幸いにも彼のガルヴァニック作戦への関与は最小限だった。彼は作戦の大筋を承認したが、当初はタラワ島の西方約400キロに位置し、戦略的価値がほとんどなかったナウル島も含めるよう要求した。スプルーアンスはあきれ返り、その作戦には新たに1個師団が必要であると告げた。結局キングの要求は撤回され、作戦立案者たちは胸をなでおろした。

ミッドウェイ海戦の直前、1942年5月に第16任務部隊司令"ブル"・ハルゼー大将は悪性の皮膚炎で入院を余儀なくされた。ニミッツが後任者を誰にしたいかと尋ねると、彼はレイモンド・スプルーアンス中将を推した。この選択にニミッツは驚き、その指名を予想していなかった多くの将官も衝撃を受けた。巡洋艦戦隊の一司令にしかすぎない彼は、控えめで内向的な人柄で知られてはいたものの、この抜擢は少なからず不自然に受け止められた。しかしスプルーアンスの卓越した能力は戦いとともに明らかになり、ニミッツはたちまちその真価を認めるようになった。彼は終戦まで太平洋艦隊司令長官の右腕として主任戦略立案者をつとめあげ、沖縄までの上陸作戦のほとんどを立案したのだった。

作戦にはホランド・M・スミス少将の全面指揮下におかれた第5海兵水陸両用戦軍団(V Marine Amphibious Corps, VMAC)があたった。彼は好々爺のような容貌に似合わず激しい癇癪の持主で、部下の海兵隊員たちは彼のイニシャルH・Mをハウリン・マッド(ガミガミ激怒屋)の略だと称し、その異名は彼の軍歴の最後まで付いてまわった。

第5海兵水陸両用戦軍団の最高司令官ホランド・M・スミス少将(左)と第2海兵師団師団長ジュリアン・スミス少将(右)。ホランド・スミスは温厚そうな容貌に似合わず激しい癇癪持ちで、"ハウリン・マッド・スミス"の異名を頂戴していた。(USMC)

スミスは上陸戦闘の第一人者で、数年前からカリブ海で工兵に技術指導をしていた。開戦後、彼はアメリカ西海岸で陸軍と海兵隊に対する上陸作戦の訓練を担当していたが、真っ先に"ガルヴァニック"作戦に最適の人材とされた。

ベティオ島攻撃はジュリアン・C・スミス少将麾下の第2海兵師団に割り当てられた。彼は気さくで経験豊富な将校で、その34年間の軍歴には一連の"バナナ戦争"——1920年代から30年代にかけて革命主義者を相手にハイチとニカアグラのジャングルで繰り広げられた知られざる戦い——も含まれていた。そこで彼は海軍勲功章を獲得した。彼は1944年のペリ

上陸前に検討されるベティオ島、暗号名"ヘレン"の模型。(National Archives)

デヴィッド・M・シャウプ大佐。師団作戦士官として彼はベティオ島攻撃作戦を立案したが、期せずして自分自身が立てた作戦を実施する任務を与えられた。その功績によりシャウプは名誉勲章を受章し、1959年にはアメリカ海兵隊総司令官に任命された。（USMC）

リュー島の戦いでも活躍したが、その軍歴の頂点はタラワだった。彼は1946年に中将として退役し、1975年に90歳で死去した。

　海兵隊員をギルバート諸島に運び、海岸に上陸させるのは第54任務部隊隊長リッチモンド・ケリー・ターナー海軍少将の役目だった。短気で口の悪い彼はよく"テリブル・ターナー"（恐怖のターナー）と呼ばれていた。1885年にオレゴンで生まれた彼は上陸戦闘の達人であり、1942年のガダルカナル島上陸作戦も監督した。類まれな記憶力に恵まれていた彼は山のような書類も一読しただけで理解でき、太平洋艦隊水陸両用戦部隊司令として彼の専門的意見は太平洋戦争中つねに求め続けられた。1945年までに彼はギルバート諸島、ニュージョージア島、マリアナ諸島、硫黄島、沖縄の上陸戦を監督した。

　指揮系統の下位にも"ガルヴァニック"作戦の成功に大きく貢献した士官たちがいた。

　デヴィッド・M・シャウプ大佐は当時38歳で、実戦経験はほとんどなかった。彼は師団作戦士官で、攻撃計画の細部を詰めるのが仕事だった。彼は島嶼の日本軍の兵員数を算出する独自の方法を考案したが、それは航空写真に写った便所の数から使用者数を割り出すというもので、のちに彼の出した数字は驚くほど正確だったことが判明した。

　タラワ島上陸の最終演習はニューヘブリディーズ諸島のエフェテ島で実施された。第2連隊上陸隊の隊長に予定されていたウィリアム・マーシャル大佐が心臓発作で倒れたため、シャウプは自分自身が立案した作戦を実施する任務を与えられた。上陸時に負傷したものの、Dデイに上陸したシャウプは直ちに指揮所を確立し、11日21日にエドソンに交代されるまで、戦闘の最も激しい期間、指揮をつとめたのだった。彼はその指導力と任務への献身により名誉勲章を受章し、その後も傑出した経歴を重ね、1959年にはアイゼンハワー大統領から海兵隊総司令官に任命された。

　他にも第2海兵連隊L中隊の中隊長、マイケル・ライアン少佐が目ざましい活躍を見せた。彼の大隊長、シェッテル少佐がレッドビーチ1への上陸に失敗すると、ライアンは散り散りになっていた歩兵、戦車兵、アムトラック操縦士、工兵、衛生兵をかき集め、島の西端のグリーンビーチを制圧した。同ビーチの確保はこの戦いをアメリカ側に決定的に有利にした最大の要因となったので、ライアンが海軍勲功章を受章したのも当然だった。

日本軍
JAPANESE

　アメリカ軍の指揮関連の記録が豊富に残っているのに対し、日本軍のそれはあまり知られていない。

　ギルバート諸島は東南方面艦隊司令長官草鹿任一中将と第2艦隊司令長官近藤信竹中将の共同指揮下におかれていた。各中将の役割はギルバート諸島の防衛力整備と、ソロモン諸島の航空分遣隊の強化だった。ガルヴァニック作戦が発動されれば、タラワ島は事実上孤立無援となる運命にあった。

　ベティオ島の防御施設と飛行場の建設を任されていたのは、第111設営隊隊長の村上功大尉だった。戦士というよりは技術者だった彼は見事に仕

手前のグリーンビーチに並ぶ幾列もの四面体や南海岸の障害物群の写ったこの写真は、どれほど多くの障害物が設置されていたかの証である。(US Navy)

事を成しとげ、同島を隅から隅までおそらく太平洋で最も防備の充実した前線基地に変貌させた。

　村上がめざしたのは敵を海岸に到達させないことだった。彼はもしアメリカ軍の大規模な上陸部隊が島のどこかに上陸すれば、守備隊が撃破されるのは時間の問題だと知っていた。障害物としては、島を囲む珊瑚礁の全周の半分に設置されたピラミッド型の鉄筋コンクリート製四面体や、ヤシの木製の対舟艇障害物、屋根型有刺鉄条網などがあった。

　海岸には前方障害物のすぐ後方に掘られた対戦車溝と広範囲の地雷原があった。九三式地雷は対人用で、九九式破甲爆雷（磁石吸着式）は対戦車・装甲車用だった。村上大尉には自分の計画したすべての防御施設を完成させる時間はなかったが（Dデイ当日も3,000個の地雷が備蓄状態だった）、彼はベティオ島をその同僚が呼ぶところの"アメ公用の罠"に変えていた。

　1943年9月、柴崎恵次海軍少将が本島の守備隊司令官に着任した。若く野心的な彼は「たとえ百万の敵をもってしても、この島を抜くことは不可能であろう」と豪語した。中国沿岸で上陸作戦を幾度も経験していた彼は、攻撃者を迎撃する難しさも熟知しており、それを踏まえて計画を立てた。彼はアメリカ軍が上陸するならここしかないと確信した南海岸と東海岸の防御施設を最優先した。米軍がベティオ島の珊瑚礁側を攻撃してきたとき、彼は艦砲射撃の小休止を利用して、第一波のアムトラックが浜をめざして押し寄せる中、北海岸へできる限り多くの武器を移動させた。

柴崎恵次中将。若く、経験豊富で冷徹な柴崎がDデイに戦死したことは、ベティオ島の日本軍の指揮系統にとって致命的な損失で、戦いの帰趨を決めたといってもよい。もし彼が生きていて同夜に海兵隊陣地に逆襲を実施していれば、アメリカ軍は惨憺たる結末を迎えていたかもしれない。（War History Office, Defense Agency, Japan／日本国防衛庁防衛研究所戦史部）

　柴崎提督の隷下には戦闘員はわずか3,000名ほどしかいなかったが、それ以外の守備隊員も島の防衛に効率的に貢献していた。本戦役の公式史料によれば、「タラワはそれまで連合軍が攻撃した太平洋のあらゆる環礁よりも厳重に防御されており、硫黄島を除けばベティオ島は第二次大戦の全時期、全戦域を通じて最も上陸部隊に対する防備が充実していた」という。

　柴崎の主な功績は海兵隊がベティオ島に上陸する以前のもので、守備隊を的確に訓練し、戦意を高めたことだった。考えてみれば彼が戦いのあれほど早い段階で戦死したことは、海兵隊にとっては思いもかけない大きな幸運であり、彼が海兵隊が最も無防備だった上陸作戦の第一夜に大規模な逆襲を試みたであろうことは、あらゆる史料が示唆していた。

両軍の部隊
OPPOSING ARMIES

　独立戦争にまでさかのぼる長い歴史があったにもかかわらず、アメリカ海兵隊には1943年末まで上陸作戦の経験がほとんどなかった。大戦間期に指導部が技術や兵站を研究していたとはいえ、それまで海兵隊の実戦経験は上陸作戦に対する反撃があったとしてもごくわずかだったニューブリテン島、ニューギニア、ガダルカナル島だけだった。

　重防御で知られるタラワ島の攻撃には海兵隊が予定された。その結果に今後の太平洋戦争のために海軍が提唱する"飛び石"戦略の未来のすべてがかかっていた。その後ホランド・スミスがタラワ島の海軍基地ないし軍事的拠点としての価値について疑問を呈したにもかかわらず、ギルバート諸島はマーシャル諸島作戦のために不可欠な出発点であると結論された。さらに重要だったのは、この作戦で得られる経験が将来のために欠かせないという点だった。

　一方、日本軍はこの分野では定評のある先駆者で、1937年の中国沿岸を皮切りに真珠湾攻撃後はマレー半島やフィリピンの海岸で多くの上陸作戦を実施していた。柴崎提督はこうした作戦を数多く指揮していた。

アメリカ海兵隊第2師団
The 2nd Division, United States Marine Corps

　ガダルカナル島で第1師団とともに戦ったのち、第2師団は休暇と補充のために1943年3月、ニュージーランドのウェリントンに戻された。敵による損害よりも病気で消耗していた同師団は（確認されたマラリア患者は1,300名）米本土からの補充兵を待ちながら、小規模部隊戦術と上陸侵攻に重点をおいた革新的な演習を開始した。ガルヴァニック作戦当時、第2師団の兵力は約20,000で、第2、第6、第8の3個歩兵連隊で編成されていた（アメリカ海兵隊は慣習的に連隊をただ"海兵（Marines）"と呼ぶ）[訳注]。

　平均的な連隊は約3,500名の士官と兵からなり、各3個ライフル中隊からなるライフル大隊3個、武器中隊1個、本部中隊1個からなっていた。各ライフル中隊と武器中隊にはアルファベット名が与えられ、それぞれにライフル小隊3個と武器小隊1個が所属していた。ライフル小隊は通常40名の兵からなり、定数12名の分隊3個と小隊本部1個からなっていた。

　大隊の武器中隊には7.6㎜機関銃各6門を装備した機関銃小隊3個と、81㎜迫撃砲6門を装備した迫撃砲小隊1個が所属していた。大隊本部中隊は参謀士官、事務員、そして海軍医務局などの特別部隊、航空隊、砲兵隊、艦隊からの観測員などで構成されていた。

　師団の第4連隊である第10海兵は砲兵隊で、当時は75㎜砲12門を装備した榴弾砲大隊3個、105㎜中榴弾砲大隊1個、155㎜重砲大隊1個からなり、

[訳注：たとえば第8海兵連隊第2大隊は英語では「2nd Battalion 8th Marines」または「2-8」のように省略される。文脈上わかりにくい箇所を除き、本書ではそれぞれを「第8海兵第2大隊」、「第8第2」と表記した。]

日本軍の九五式軽戦車"ハ号"はあらゆる面で米軍のシャーマンに劣っていた。その多くは固定火点として使用されていた。写真は戦闘後に海兵隊によって調査される木製掩体内の同車。(US Navy)

これらすべてが連隊本部の指揮下におかれていた。

　第5連隊は第18海兵で、戦闘工兵隊、工兵隊、シービーズ（建設工兵隊）の各1個大隊からなっていた。戦闘工兵が防御施設、道路、橋梁の建設と破壊訓練を受けていたのに対し、工兵は戦闘員としての訓練を受けていたものの、おもに物資の搭載と荷降ろしを担当していた。師団にはさらにいくつかの部隊も増設されていた。まずM4A2シャーマン中戦車3輌からなる小隊3個で編成された中隊3個を擁する戦車大隊が1個。ヨーロッパ戦線ではドイツ軍戦車に苦戦したが、同戦車は太平洋戦線では日本の九五式"ハ号"軽戦車を圧倒できたので日本軍相手には最適だった。ほかにも衛生大隊1個（おもに海軍の軍医と衛生兵からなる）と、タラワ作戦で改良型のLVT-2水陸両用トラクターを初使用したトラクター大隊があった。アムトラックの名で広く知られる本車は、フロリダ州エヴァーグレーズでドナルド・レーブリングによって当初は救助艇として開発された。この水陸両用トラクターは1941年に海軍の艦艇局から船から海岸までの輸送用に発注されたが、その後強襲艇として採用され、太平洋戦域でさまざまな任務に使用された。

　タラワ島の海兵隊はガダルカナル戦時とは異なり、M-1ガーランド半自動小銃、ブローニング自動ライフル（BAR）、携行式火焔放射器などの近代的な歩兵兵器を装備していた。一般兵の戦闘装備は背嚢、ポンチョ、円匙、銃剣、K-barナイフ、野戦食、医療キット、ガスマスク（これは通常省略された）だった。それ以外の兵は弾薬、重火器、無線機などの重量装

備を携行した。

　アメリカ本土から補充兵が到着すると演習の規模は拡大され、ホーク湾で上陸演習が繰り返された。

アメリカ海軍
The United States Navy

　11月1日にウェリントンで乗船してから上陸作戦を開始するまで、ホランド・スミス麾下の第5海兵水陸両用戦軍団はアメリカ海軍の指揮下におかれた。侵攻部隊——第54任務部隊——は二つのグループに分けられた。リッチモンド・ケリー・ターナー少将麾下の北部攻撃隊（第52任務部隊）は北部のマキン島を制圧し、ハリー・ヒル少将麾下の南部攻撃隊（第53任務部隊）はタラワ環礁を占領することになった。

　"ハンサム"・ハリー・ヒルの部隊は第4輸送隊とされ、13隻の上陸戦用輸送船（attack transport, APA）——ジルン、ヘイウッド、ミドルトン、ビドゥル、リー、モンロヴィア、シェリダン、ラサール、ドイアン、ハリス、ベル、オムスビー、フェランドと、上陸戦用貨物輸送船（attack cargo ship, AKA）スーベン、ヴァーゴ、ベラトリックスからなっていた。

　H・F・キングマン少将麾下の火力支援隊には戦艦（BB）テネシー、メリーランド、コロラド、重巡洋艦（CA）ポートランド、インディアナポリス、軽巡洋艦（CL）モバイル、バーミンガム、サンタフェ、駆逐艦（DD）ベイリー、フレイザー、ゲインズヴール、ミード、アンダーソン、ラッセル、リングゴールド、ダシール、シュローダーが所属していた。この隊の3隻の戦艦は1941年の真珠湾攻撃後に同湾からサルベージされた旧式戦艦だった。旗艦兼通信センターとなるメリーランドは世紀の変わり目ごろに完成した艦で、他の2艦同様、当時太平洋を遊弋していた機動部隊には遅すぎて随伴できなかった。とはいえ、これらは今でも14インチ（356㎜）砲と16インチ（406㎜）砲という強力な打撃力を有しており、沖からの艦砲射撃には最適だった。

　作戦中の航空支援、空爆、機銃掃射のためにA・E・モントゴメリー少将麾下の第50-3任務部隊の3隻の空母（CV）エセックス、バンカーヒル、インディペンデンスが南部攻撃隊に随伴した。ウェリントンを出航した上陸部隊はニューヘブリディーズ諸島のエフェテ島へ向かい、同メレ湾で最終上陸演習を実施した。燃料の補給後、11月13日に錨を上げた船団は、17日にハワイからマキン島に向かう陸軍の第27歩兵師団の船団と合流した。

日本海軍特別陸戦隊
Japan's Special Naval Landing Forces

　タラワの戦いはアメリカ海兵隊と日本海軍特別陸戦隊——アメリカではしばしば"帝国海兵隊"と呼ばれた——との最初の戦闘だった。海軍特別陸戦隊は大日本帝国海軍の黎明期に軍艦に配属された小規模な歩兵部隊として設立されたのが始まりだった。しかし長い年月ののち、陸戦隊は高度な訓練を受けた上陸作戦専用の大規模歩兵部隊へと進化していた。1941年に彼らはグアム島、ウェーク島、ソロモン諸島攻撃で先鋒をつとめた。

誤って"シンガポール"砲と呼ばれていた英ヴィッカース社製203㎜砲は、テマキン岬とタカロンゴ岬の周辺に設置されていた。緒戦で米海軍の砲撃により沈黙させられてしまったため、これらの砲はほとんど役に立たなかった。

1942年には5万名を超す陸戦隊が太平洋の島々にあまねく配置されていた。

ベティオ島では柴崎少将が第3根拠地隊（もと横須賀第6特別陸戦隊）、佐世保第7特別陸戦隊、第111設営隊、第4艦隊設営派遣隊の計約5千の兵力を指揮していた。同島は面積が狭く、かなりの範囲が飛行場とその付属施設に占められていたので、柴崎は攻撃者を水際で撃破するべく努力した。その結果、浜辺の防御施設はきわめて強力なものになった。

その最大のものはテマキン岬とタカロンゴ岬周辺に設置された4門の8インチ（203㎜）海軍砲だった。これらの砲は長年"シンガポール"砲と呼ばれていたが、それはシンガポールで鹵獲されてからベティオ島に運ばれた英国ヴィッカース製の砲だと考えられていたからだった。しかし1974年にベティオ島を訪れた国連顧問官ウィリアム・バーチがこれらの砲を調査し、刻印された識別番号の詳細を記録した。後日これがヴィッカース社により確認され、日露戦争中の1905年に日本から発注されたものと判明した。

島の海岸線には途切れることのない防御陣地、トーチカ、射界を補完しあう砲陣地群が並んでいた。その大部分はコンクリートと珊瑚砂で保護され、優れた防御力は爆弾や砲弾の直撃に耐えられた。無数の塹壕、機関銃座、小銃陣地が設置され、その射界は互いをカバーしながら浜辺とその彼方の海を覆っていた。沖には屋根型鉄条網が珊瑚礁まで広がり、コンクリート製の四面体が波打ち際を点線のように縁どっていた。

移動火点としては7輌の九五式軽戦車があり、これは37㎜砲1門と7.7㎜機銃2門を装備していた。島には上に砂が盛られて小さな丘のようにされたコンクリート造トーチカが各地に配置され、通信センターや火薬庫として使用されていた。飛行場の周囲と島の南東端と南西端には対戦車溝が設けられた。

日本軍守備隊に与えられていた命令は単純明快で、「敵が上陸を開始したら、上陸用舟艇を砲台、戦車砲、歩兵砲で撃破せよ。つぎに全砲火を敵上陸地点に集中し、これを水際で殲滅せよ」だった。

両軍の作戦計画
OPPOSING PLANS

アメリカ軍
AMERICAN

　タラワの戦いにおける重要な要素はスピードだった。ニミッツはスプルーアンスに「さっと突入し、さっと離脱せよ」と命じ、スプルーアンスは第2師団司令に「電光石火の早業」を要求した。

　この海兵隊の"飛び石"作戦の第一弾に対する日本海軍の総反撃への危惧が、その方針の最大の理由だった。タラワ島が最大の戦場になるのは確実だったにもかかわらず、ケリー・ターナーとホランド・スミスの二名はマキン島を攻撃する北部攻撃隊に同行することとされた。もし日本軍が第5水陸両用戦軍団を攻撃するならば、その脅威は北からとなるため、海軍はいかなる不測の事態にも対応できるよう、最も経験のある指揮官を配置したのだった。

　しかし1943年初めに実施された米軍の一連のソロモン諸島攻撃により、日本軍はその根拠地ラバウルを脅かす真の敵に対抗するため、艦船と航空機をマーシャル諸島、マリアナ諸島、セレベス島といった遠方にまで差し向けていた。帝国海軍はこの脅威を重視し、ラバウルの守りを強化するためトラック島から多数の艦船を移動させた。その結果、第22航空戦隊とマーシャル諸島の海軍戦力は、同地域に大規模な上陸作戦が実施されれば迎撃できないほど弱体化していた。

　ギルバート諸島は1915年以来イギリスの統治下にあったが、おかげで海兵隊の作戦立案者たちは"外人部隊"と名づけた多くのイギリス、オーストラリア、ニュージーランド国籍の脱出者から体験談を収集できた。島の地図や見取り図は世紀の変わり目ごろのものだったので、ほとんど当てにならなかった。潜水艦USSノーチラスが同地域を調査し、写真を撮影して防御施設を記録したが、潮位に関する各種の問題がシャウプと参謀たちには非常に気がかりだった。

　ベティオ島は沖合750～1,100mまで広がる珊瑚礁に囲まれていた。最初の3波に分かれた1,500名の兵士はアムトラック（LVT）で上陸することになっていたため、島の周囲の水深は理論上関係なかった。しかしそれ以外の兵員はヒギンズボート──車輌兵員用揚陸舟艇（Landing Craft Vehicle Personnel, LCVP）──喫水の浅い、全長11mで幅広のランプを備えたボートで上陸することになっており、その貨物搭載時の喫水はわずか900～1,200㎜程度だった。

　"外人部隊"の意見はさまざまだった。ヒギンズボートが珊瑚礁をクリアできるだけの水深は充分あるだろうという意見も複数あったが、ただ一人異を唱える者がいた。フランク・ホランド少佐はギルバート諸島に15年間

タラワ環礁

住んでいたことがあり、島の周りの潮位を研究するのを趣味にしていた。海兵隊が11月20日にベティオ島に上陸を予定していると聞いた彼は慄然とした。その時期には"逃げ"潮になるので、珊瑚礁周辺の水深はわずか900㎜程度になることを彼は知っていたのだ。もし彼の予想が正しければ、第二波のヒギンズボート隊は座礁し、海兵隊員たちは最初の上陸から戻ってきたアムトラックに移乗するか、浜辺までの残りの距離を歩いて渡渉上陸するしかなかった。

　ジュリアン・スミスは2個連隊を同時に上陸させ、1個を予備戦力にしようとしたが、ホランド・スミスは第6海兵連隊は軍団の予備にすると宣言した。これと、ニミッツのベティオ島への上陸前砲撃をDデイ午前の約3時間に限定するという決定（"戦略的奇襲"の達成のため）は、海兵隊はわずか2対1の数的優位で正面攻撃をしなければならないことを意味していた。これは望ましい最低比率よりもはるかに低かった。

　シャウプ大佐と第2師団の参謀たちは珊瑚礁側からの攻撃を決定したが、これはこちら側の防備が手薄で、揚陸艇にとっては波が静かだったからだった。侵攻計画は比較的単純なものだった。輸送船団は環礁の西側に集結し、海兵隊を揚陸艇に移す。揚陸艇は珊瑚礁西側の途切れ目のすぐ外側にある艇隊合流海域へ向かい、そこから計画に従って数波に分かれ、環礁の約6,400m内側にある出撃線まで移動する。そこから海兵隊は海軍の指揮下を離れ、アムトラックを先頭に上陸部隊は浜辺へ向けて約5,500mの最終突撃を開始する。

西側から見たベティオ島。写真では島の周囲700～1,100メートル沖まで広がる珊瑚礁がよくわかる。左の入り江がレッドビーチ1で、木造の大桟橋がレッドビーチ2と3の境界だった。(National Archives)

　3ヵ所の上陸海岸は西から東へレッド1、2、3と命名された。ジョン・シェッテル少佐麾下の第2海兵連隊第3大隊（第2第3）はレッド1へ上陸することになっていた。ここは深い入り江で、東半分が木製障害物で防御され、左右から機関銃陣地と砲陣地が睨みを利かせていた。レッド2はその入り江の東端から全長400mの大桟橋まで約450m伸び、ハーバート・エイミー中佐麾下の第2海兵連隊第2大隊（第2第2）に割り当てられた。そこには高さ1m前後の木製防壁が砂浜の全域と、桟橋から滑走路のある平らな岬まで続いていた。レッド3は700m余りで、短いバーンズ＝フィルプ桟橋が中央にあった。ここにはヘンリー・クロウ少佐麾下の第8海兵連隊第2大隊（第8第2）が上陸することになった。
　ベティオ島の西端はグリーンビーチと名づけられ、南海岸はブラック1と2とされたが、これらへはDデイに上陸する計画はなかった（26ページの地図参照）。

日本軍
JAPANESE

　もしアメリカ軍が侵攻してくれば、日本の外郭防衛線の最南端に位置するタラワ島の自分と守備隊は孤立無援となることを、冷徹な指揮官、柴崎提督はおそらく承知していたことだろう。
　戦争の初期の段階、アメリカ軍は陥落が避けられない陣地を守るため、死を覚悟してまで戦う人々の心理を理解できないでいた。しかし戦いが進むにつれ、日本軍のほぼ全員に降伏という選択肢はなく、どこの守備陣地

戦いの全期間中、海軍は飛行場を砲撃しないよう努力していた。戦闘後に撮影されたこの写真は南から見たもので、主滑走路と航空機用の木造掩体群が写っている。すでに砲弾孔はすべてシービーズ（建設大隊）が埋め終えたようだ。(National Archives)

でも全滅するまで戦い続けることがわかってきた。太平洋戦争では捕虜はまれだった。

　柴崎の最大の目的は敵を海岸に到達させないことだった。彼は天然の障害物が味方の最大の防御になることを知っていた。島全体を囲む遠浅の珊瑚礁は、のちに海兵隊に壊滅的な損害をもたらしたのだった。島のほぼ全周の水際には木製障害物が並び、その後方の戦略拠点には口径80mmから203mmの沿岸砲台、70mmから127mmの両用高射砲があり、それ以外にも75ミリ榴弾砲から37mm速射砲、13mm機銃にいたる計30門を越える砲、多数の7.7mm歩兵軽機関銃が控えていた（42ページの地図参照）。

　島の中央には飛行場があり、全長1,200mの主滑走路が大きな面積を占めていた。提督の司令部は堅固な鉄筋コンクリート造構造物で、寸法は7.6×8.2×12.1m、バーンズ=フィルプ桟橋から450mほど内陸に位置していた。

　対戦車溝は飛行場の両端と203mmヴィッカース砲台の近くに掘られていた。沖にはコンクリート製四面体と杭障害物、鉄条網が設けられ、これらを回避すると上陸用舟艇は主力砲台に狙い撃ちされる"死の水路"に入るよう配置されていた。

　タラワ環礁はほぼ三角形をしている。東側の辺には25以上の小島が連なり、南側の底辺に大きめな島が7つ並び、その最西端がベティオ島だった。三角形の西側の辺はほとんどが海面下の珊瑚礁で、船舶の航行可能な幅約800mの入口が内側の珊瑚礁へ開いていた。柴崎と隷下の工兵隊は海兵隊の上陸が予想された島の南海岸に防備を集中させていた。

戦闘
THE BATTLE

Dデイ
D-DAY

　11月20日未明、侵攻艦隊は暗闇の中をベティオ島沖へと舵を切った。あまりの静寂さに日本軍は島を放棄したのではと楽観した者もいたほどだった。「ジャップどもはタラワから撤退したのではという考えがどうしても頭から離れなかった——だがそれは最初の弾丸が耳をかすめるまでだった」と著名な従軍記者ロバート・シェロッドは述べている。

　作戦立案者たちはエリス諸島のフナフティに駐留する第7空軍のB24リベレーター爆撃隊に、同島に地上数フィートで炸裂するよう信管をセットした500ポンド（225kg）爆弾で猛爆撃を加えるよう要請していた。しかし空襲は実施されなかった。これはその後いくつも続いた"不手際"の最初であり、敵の沿岸火力をそぐ機会を海兵隊から奪ってしまった。

　0300時、輸送船団は所定の位置に到着し、部隊を揚陸艇に移乗させるという長く骨の折れる作業が始まった。アムトラックとLCVPを海上に下ろし、兵員輸送船に接舷させて海兵隊員が乗り込むという危険な作業である。ニュージーランドを出発する前に何度も訓練を重ねたにもかかわらず、この過程は危険と隣り合わせだった。波の荒い真っ暗な海で、重さ50kgもの装備に身を固め、舷側の高い兵員輸送船から垂らされた網梯子を下りるのは容易ではなかった。上の兵に手を踏まれないように気をつけながら、船同士のすき間に転落したり、船腹に打ち寄せる揚陸艇に手足を潰されないよう、海兵隊員たちは下にも間断なく注意を払っていた。

　海兵隊の朝食はステーキと玉子で、これはオーストラリアで第1師団が始めた慣習だったが、その日のうちに多くの開腹手術を執刀するはずの海軍の軍医たちはこれに眉をひそめた。

　集結した船団では大勢がベティオ島を眺めていたが、0441時に一発の赤色照明弾が島の中央へ打ち上げられると、全員の眼がそちらへ向けられた。日本軍はいないのでは、というしつこい疑念は完全に消え去った。

　0500時ごろ、ハリー・ヒルの旗艦メリーランドから一機のキングフィッシャー着弾観測機が発進した。その任務はまもなく開始される艦砲射撃を観測し、距離と方位の補正を無線報告することだった。同艦のカタパルトから閃光が上がるのを確認すると、テマキン岬の日本軍203mm砲がメリーランドを砲撃したが、着弾は450mほど遠すぎた。戦艦と巡洋艦の艦隊は回避運動に入り、1隻の戦艦が返礼に406mm砲を発射した。揚陸艇の海兵隊員たちは自分たちの頭上を越えて浜辺のすぐ手前に着弾していく巨大な砲弾を畏怖しながら見つめていた。

　砲撃は続き、空は巨大な閃光で引き裂かれ、不気味な沈黙は斉射のたび

右：ベティオ島のヴィッカース砲の1門、タカロンゴ岬のもの。(Jim Moran)

右下：別の203㎜砲。(Jim Moran)

に海上に轟く砲声に破られた。「われわれの目的は島の無力化でも殲滅でもない。その消滅である」とある提督は言った。その言葉の滑稽さは、戦闘終結後の検証で始めて明らかになった。

　旧式戦艦メリーランドでは406㎜砲の一斉射撃による猛烈な振動のせいで照明が消え、無線機が故障した。その瞬間から戦闘の終結まで、ハリー・ヒルとほかの指揮官との通信は深刻な問題となった。

　0530時、兵員輸送船団の位置がずれていることが判明した──南向きの強い海流が船団を敵沿岸砲台の射程内にまで運んでしまったのだった。揚陸艇隊を引き連れた船団──その様子はある目撃者によれば「まるで母鴨を追う子鴨のようだった」という──が新しい位置へ急行し始めると、艦砲射撃は唐突に止んだ。

　すでに柴崎提督はアメリカ軍が北から攻撃をしかけてきたことを完全に認識していた。彼には現在敵が直面している問題もわかっていた。天然の防御である珊瑚礁と朝の引き潮である。見張り所から多数の上陸船団が珊瑚礁の入口へ向かっていると報告を受けていた彼は、猛烈な艦砲射撃が突然止んだのをこれ幸いと、直ちに兵員と武器を南海岸から北へ移動させ始めた。

1943年10月から1944年1月にかけて、第一次大戦の帰還兵カー・イービー（Kerr Eby, 1890 – 1946）はアボット研究所の従軍画家プログラムの一員として海兵隊とともに南太平洋に同行し、タラワ攻撃隊と上陸するなど、大戦有数の壮絶な戦闘を目撃した。彼の素描画は海兵隊が耐え抜いた血みどろの戦闘の代名詞になっている。ここに描かれているのは数百ヤード沖合いで座礁したヒギンズボートである。海兵隊員は日本軍が数ヶ月かけて建設した陣地からの集中砲火の中を、腰まで海に漬かって進むしかなかった。

　艦載機部隊が0550時にベティオ島を攻撃する手筈になっていたが、その到着は遅れた。約16km沖にいた空母艦隊と連絡が取れなかったヒルが航空隊なしでの攻撃に踏み切ろうとしていたころ、彼らが西方から現れた。7分間にわたりヘルキャット戦闘機隊、アヴェンジャーおよびドーントレスの艦爆隊が島の上空を乱舞したあと、爆音を響かせながらエセックス、インディペンデンス、バンカーヒルへ帰投していった。

　0600時直後から掃海艇パースーとリクィジットが珊瑚礁の入口の掃海を開始したが、たちまち沿岸砲台から砲撃された。水路が確保されると、駆逐艦リングゴールドとダシールが珊瑚礁に突入し、152㎜砲で敵と交戦を開始した。リングゴールドは127㎜砲弾2発に被弾したが、幸いどちらも不発だった。その一方、パースーは出撃線に到達し、ベティオ島から北へ漂流していた揚陸艇隊を煙の中を誘導するため探照灯を点灯した。

　火力支援部隊からの総砲撃が開始されたのは0735時だった。戦艦と巡洋艦は花火大会のような盛大さで島を端から端までほじくり返した。大量の土砂と珊瑚が吹き飛ばされ、火薬庫が1ヵ所爆発し、早朝の空に燃料貯蔵所からの黒煙がもうもうと立ち上った。

　多くの海兵隊員がベティオ島の守備隊は"殲滅"し尽くされたと考えていたが、戦闘後の分析により、海軍はその目的をほとんど達成していなかったことが判明した。確かに地表は徹底的に砲撃され、破壊された防御施設もあったが、日本軍守備隊とその武器の大半はまだ健在で、海兵隊の第一波を待ち受けていた。海軍は大型艦が海岸に近すぎた結果、弾道の低くなった砲弾は多くが島で跳弾し、海中に飛び込んでいたことを最終調査で知

ったのだった。

　すでに夜は明けきり、気温がどんどん上昇していた。タラワ島は赤道からわずか125km北に位置していたため、11月でも真夏だった。戦いのあいだずっと海兵隊員たちは溶鉱炉のような暑さと深刻な水不足に苦しめられたのだった。本作戦における幾多の失敗のまたひとつとして、飲料水を燃料ドラム缶で輸送することにしたものの、どこかの段階で洗浄が不充分だったため水が汚染され、嘔吐と腹痛を発症する者が多数出たのだった。

　揚陸艇からは浜辺までの距離が無限に感じられた。まず艇隊は輸送船団と珊瑚礁の入口との中間に集結しなければならなかった。そこから出撃線までの距離は5.6km、さらに海岸までは4.8kmあった。上陸するまでに6時間近くも波に揺られていた部隊もあった。

　乗機のキングフィッシャー観測機からマクファーソン少佐は壮大な艦砲射撃の模様を目撃していた。今彼が気にしていたのは揚陸艇の遅さだった。輸送船団の移動とうねる波のせいで作戦全体が遅れていた。ハリー・ヒルはH時間——海兵隊の海岸到着時刻——を0900時に遅らせざるをえなかった。

　スプルーアンス提督の乗る旗艦インディアナポリスは同島の南海岸沖にいた。彼は空襲と艦砲射撃を確認していたが、ヒルとはいまだに連絡が取れなかった。彼の知るかぎり、進捗状況は予定通りのはずだった。彼は輸送船団の移動による遅れも、H時間の変更もまったく知らなかった。

　0900時、ハリー・ヒルは艦砲射撃の終了を命令した。彼は島から立ち上る煙と粉塵による艦砲の命中精度低下と、もう海岸の近くにまで接近していたLVTへの命中を懸念していた。ジュリアン・スミスとその主任参謀メリット・エドソンは激しく抗議したが、無駄だった。その結果、日本軍は貴重な10分間を獲得し、態勢を立て直して武器を手に、今や桟橋の突端にまで迫りつつあった揚陸艇に備えた。

　最初の3波はアムトラック隊だった。18人乗りのLVT-1が42台に、20人乗りのLVT-2が45台だった。その後方には3波のヒギンズボート隊が続き、荒れ気味の海を遅れまいとしていた。

　日本軍にとって接近してくる揚陸艇は大きな衝撃だった。彼らが目にしたのは予想していた木造船ではなく、上陸部隊を満載した水上戦車のような金属製トラクターの集団だった。驚くべきことにこれらは浅瀬に座礁することなく、珊瑚礁に乗り上げると浜辺へ向かってすべての銃を撃ちながら走り続けた。

　対空砲火をものともせずにマクファーソン少佐は低空へ急降下し、艇隊前方の浅瀬を観察した。それは戦慄すべき光景だった。想定されていた1.2〜1.5mの水深はおろか、広範囲にわたって珊瑚礁が陽光を浴びながら乾き上がり、水深が最も深そうな個所でもせいぜい90cmしかなかった。ホランド少佐の予想を作戦立案者たちはすっかり無視していたが、Dデイのうちに多くの人々がそれを深く後悔したのだった。

　何列ものアムトラックが海岸へ向けてのろのろと進む中、1艘のボートが先頭を突っ切っていた。木造の大桟橋の突端をめざしていたのはウィリアム・ホーキンス中尉指揮下の特殊訓練を受けた偵察狙撃小隊だった。彼らの任務はそこの日本兵をすべて排除し、桟橋の両側をまもなく通過する上陸艇隊が撃たれないようにすることだった。

上陸海岸、1943年11月20日

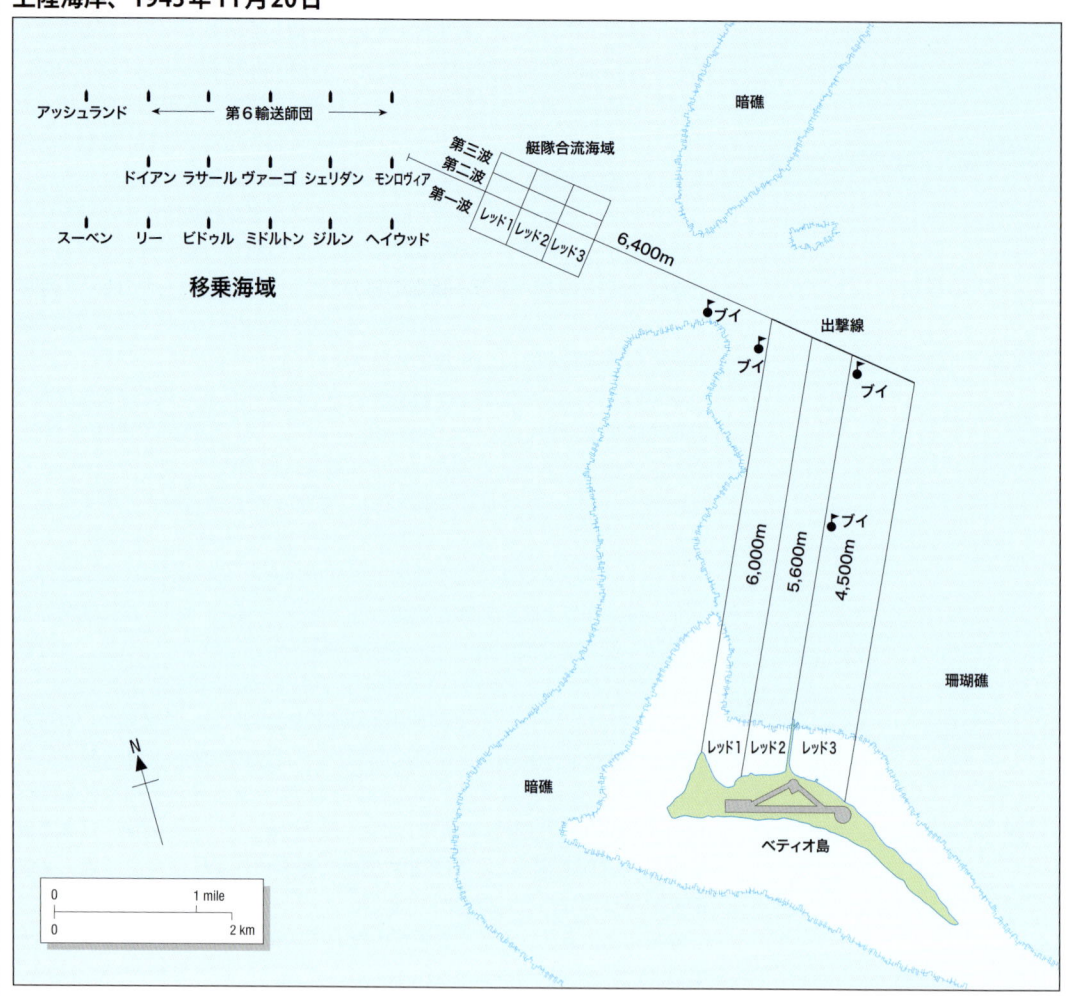

　ホーキンス小隊の兵士は全員が何らかの分野の専門家であり、その指揮官はこの任務に最適の人材だった。ガダルカナル戦では野戦任務をつとめたこの30歳のテキサス人は、ベティオ島に一番乗りを果たした男となった。

　レスリー工兵少尉ほか4名を随伴した彼は木造桟橋によじ登った。桟橋の先端近くに積まれたドラム缶のあいだから直ちに日本兵が小火器で射撃を開始したが、彼らは前進して守備隊員を射殺し、いくつもの木造バラックをレスリーが携行する火焰放射器で焼き払った。

　不幸なことに火は桟橋自体にも燃え移り、橋板が焼け落ちたため、その後の戦闘における補給作業で遅れが生じてしまった。桟橋の木製支柱のあいだに設けられていた機銃座などの敵陣地は沈黙させられた。

　任務の終了後、偵察狙撃隊は自分たちのLCVPに乗船して桟橋の西側の水路から海岸へ向かおうとした。しかし水深が浅すぎたため、結局アムトラックに移乗しなければならなかった。

レッドビーチ1——午前
RED BEACH 1 — MORNING

　第2海兵第3大隊のアムトラックがレッドビーチ1の入り江に入ると、彼らは正面と両側面から猛烈な砲火にさらされた。数分後、無装甲の燃料タンクが爆発したアムトラックが数台炎上し、それ以外のものも操縦士が戦死か負傷したため制御を失って右往左往していた。至近距離からの砲撃を食らい、火球となって吹き飛んだものもあった。

　海兵隊員ラルフ・バトラーはあの日のことが決して忘れられない。「何時間にも思えた定位置への退屈な移動のあと、全員が万事は順調だと思いながら、浜辺へ進んでいった。各トラクターには.50口径の機関銃が2門前部に付いていて、第一波はある地点から射撃を開始することになっていた。修羅場が始まったとき、海岸からどれぐらい離れていたか覚えてない。アムトラックは被弾し始め、味方の最初の異変は俺たちの両側にいたアムトラックの銃の狙いがでたらめになったことだった。

　「島のジャップどもがまだ生きていて抵抗しているとわかったとたん、それまでの明るい気分は吹っ飛んだ。海岸への前進は血みどろの悲惨なもので、爆発、轟音、崩れ落ちる死体、血にあふれ、最後にガガガッと止まった。誰かが『さっさと降りろ、早く』と叫んでいた。装備を外に放り出し、船べりを乗り越えて浜に下りた」

　東岸からの砲火は特に激しかった。敵はここに75㎜砲と37㎜砲を配置し、さらに単装や連装の機銃座が無数にあった。海兵隊がこの地区を制圧したのはベティオ島で一番最後となった。激しい砲火に直面したアムトラック隊は多くが西へ迂回し、レッドビーチ1とグリーンビーチの境界に上陸しようとしたが、そこには高さ1.5mの護岸があり、上陸できた海兵隊員はごくわずかだった。

　0910時に最初のアムトラックがベティオ島の海岸に到達した。エド・ムーア一等兵操縦の49号車マイ・デロレス号である。同車は浜辺の西端に上陸したが、近くの機銃陣地から掃射を受けながらという身の毛もよだつ到

レッドビーチ1の西部にたどり着いたアムトラックの1台、マイ・デロレス号。操縦席が下側から機銃に蜂の巣にされたとき、エド・ムーア一等兵とボブ・ソアソン無線手は間一髪で脱出した。（USMC）

Dデイの地獄のような上陸戦闘後、レッドビーチ1の西端に放棄されたアムトラック。護岸近くの水中にうつぶせの乗員の遺体が見える。(National Archives)

着をした。2名の海兵隊員が跳び出し、うまく狙った手榴弾で機銃を沈黙させたが、別の機銃がアムトラックの前部を掃射したため計器板が破壊され、同車は水際に斜めに停止した。「同僚の無線手とわたし自身が蜂の巣にされた操縦席からどうやって弾丸に当たらずに脱出できたのか、今でもわからない」とムーアは回想する。

アムトラックの第二波と第三波はさらに激しい砲火にさらされ、数台が大口径の対舟艇砲で粉砕されたが、生き残りは海岸に乗り上げて敵と交戦を開始した。K中隊が東岸の拠点群によって大損害を出した一方、浜辺の最西端に向かったI中隊は最初の半時間で戦力の50パーセントを失った。

マイケル・ライアン少佐麾下のL中隊は搭乗していた艇が浅瀬に座礁したため、部隊の35パーセントが死傷し、渡渉上陸を強いられた。「兵たちが上陸に苦労しているあいだ、わたしは大隊本部がどこにいるのか探していた」と彼は語った。「とうとう本部は来なかった。あとで聞いたんだが、大隊長はわたしたち第一波が海上で全滅してしまったと思い、そのまま自分の艇でほかの海岸へ移動していたんだ。数時間後、わたしたちは大隊本部はもう陸には来ないだろう、きっとやられてしまったんだと思っていた」

第2海兵第3大隊の81mm迫撃砲小隊に所属していたボブ・リビー一等兵はレッド1をめざすヒギンズボート隊の第三波にいた。海岸への到着を記した彼の手記は、タラワの恐怖を仔細に描写している。

「約450m沖でわれわれのヒギンズボートは暗礁に突っ込み、全員に下船命令が出た。わたしは水に飛び込むと頭のてっぺんまで沈んでしまったが、これは艇が乗り上げていたせいで浅瀬に下りられなかったからだった。水底を蹴って水面へ出ると、今度は浅瀬に足場が見つかった。あたりをざっと見回すと、悪夢のような光景が広がっていた。艇は海岸に向かって漂流

していて、わたしの右側にあったが、わたしはできるだけ艇が自分と海岸からの猛砲火のあいだに来るようにした。水面を跳ね散らす機銃弾に注意しながら、それに合わせて一方へ、あるいは反対側へと身をかわしていると、ゆっくりとだが浜辺へ近づけた。そこで目にしたのは、そこらじゅうで撃破されて燃え上がっている水陸両用トラクターや木っ端微塵になった揚陸艇だった。軽傷者は漂流する舟艇へ戻ろうとしていた。まわりの海水は赤やピンクで、たくさんの間欠泉がごぼごぼ吹き出していた。どちらを見ても水面には死体が浮かんでいた。もう前進している兵士は誰もいなかった。砲弾がうなりながら頭上を飛び越え、聞き間違いようのないライフルのパンパンいう音が耳をかすめたが、負傷者の叫びはこの耳障りな騒音のせいでほとんど聞こえなかった。もし誰かが地獄絵図を想像したとしても、それはあの漂う死体と肉片、炸裂する砲弾、燃え尽きた舟艇だらけだった珊瑚礁からタラワの海岸までの渡渉上陸とは比べものにならないだろう。あそこには隠れる場所も盾になる物もなかった。わたしのただひとつの鎧は背中にへばりついたシャツだけだった。艇から脱出して乾いた陸地に立つまでに半時間が経っていた」

▍レッドビーチ2――午前
RED BEACH 2 — MORNING

　レッドビーチ2の沖では惨劇が迫っていた。最後に上陸することになっていたエイミー中佐麾下の第2海兵第2大隊は幾重もの敵掩蔽壕に遭遇したが、そこには充分な準備時間があった決死の陸戦隊が守備についていた。予定ではF中隊は左翼へ、E中隊は右翼へ上陸し、G中隊がその援護にあたるはずだった。しかし第一波のアムトラック隊が日本軍陣地の射程内に入るやいなや、対舟艇砲と小火器の一斉射撃が海面を切り裂いた。降りそそぐ弾幕から逃れるすべのなかった艇長たちはすき間があれば艇を浜に着けたが、海兵隊員たちは数時間も荒波に揺られていたせいで、すでにぐったりとして船酔い気味のものも多く、自分たちの艇が陸に着くのをぼんやり待っていた。生き残った艇が陸に到着すると、兵士たちは舷側から飛び降り、そこにあった唯一の遮蔽物へと向かった。それは浜辺の長さいっぱいに設置されていた木製の障害物だった。彼らはあまり当てにならない掩体の下に群がると、すでに浅瀬に座礁していた後続のヒギンズボート隊を見ようと振り返った。そこでは大量の装備を背負った海兵隊員たちが這い出しし、塹壕の機関銃へ向かって毅然と前進していた。
　エイミー中佐は搭乗していたアムトラックが鉄条網障害に引っかかり身動きできなくなったとき、浜辺までわずか180mの距離にいた。中佐と彼の幕僚は舷側を乗り越えると、艇の側らに身を潜めて周囲の海面に叩きつける掃射から逃れた。しばらくすると射撃が止んだので、一行は目立たないよう四つん這いになって浜辺をめざした。水深が浅くなると中佐は立ち上がって叫んだ。「行くぞ――連中に俺たちは止められん!」そして浜辺へざぶざぶと進みだした。彼は胸と喉に機銃掃射を受け、即死した。エイミーの側にいたウォルター・ジョーダン中佐は第4師団の所属で、オブザーバーとして同行していた。現時点での最上級士官だった彼は、第2海兵第2大隊の臨時指揮官になった。

防波堤にて
第8海兵第2大隊のヘンリー・"ジム"・クロウ少佐はDデイに上陸できた唯一の大隊長だった。シェッテル少佐はレッドビーチ1への上陸に失敗し、エイミー中佐はレッドビーチ2で機銃掃射を受けて戦死していた。クロウの指揮下のアムトラックのうち、2台が防波堤の切れ目を発見して90メートルほど前進したが、日本軍が両車と海岸のあいだに回り込み始め、アムトラックが孤立する危険が生じたため後退を余儀なくされた。イラストは上陸したアムトラックの後方から作戦の指揮をとるクロウ少佐と、防波堤を超えて進撃しようとする彼の部下たち。

防波堤は橋頭堡で正確な日本軍の砲撃から身を隠せるほとんど唯一の遮蔽物だった。おかげで海兵隊員たちは飛行場への"頂上作戦"まで小休止を取ることができた。(National Archives)

　第18海兵第1大隊のドナルド・タイソンは第2第2のライフル分隊に配属されていた。彼は回想する。「俺たちは島に近づくと、機銃を撃ちだした。2門の.50インチ（12.7mm）機銃の銃声が耳をつんざいた。左舷の.50インチ機銃を撃っていたBAR銃手は、アムトラックを蜂の巣にした敵の最初の掃射で即死した。片側から弾丸が一斉に打ち込まれると、途中に誰かいないかぎり、金属音がして反対側に弾の抜けていった穴が開いた。右舷の.50機銃手がやられたので、代わりが飛び乗って装填ハンドルをつかんで後ろへ引いたが、一発目を撃つ前にやられた。そのあたりで右舷の履帯が対舟艇砲にふっ飛ばされて、アムトラックは右へ半旋回して止まった」
　浜の左側でF中隊は戦力の半分近くを失っていたが、兵士たちは浜へたどり着いて水際の木製障害物を越えようとしていた。うまく越えられた兵士たちは数m内陸に入ったところで、軽機関銃その他の小火器だけで武装した小部隊を結成した。無線機のほとんどは海水に漬かったせいで使用不能で、伝令もやがて敵の狙撃兵の餌食になっていった。
　E中隊は乗っていたアムトラックが迫撃砲と小銃の集中射撃を受けたため迂回し、レッドビーチ1と2の境界部に上陸した。弾幕を浴びながらも彼らは日本軍の拠点を1ヵ所沈黙させたが、小隊長が戦死したので彼らは大きな砲弾孔に隠れた。
　G中隊は先の二中隊のあいだに上陸したが、障害物にたどり着くまでに大きな損害を出していた。浜辺はすでに死傷者であふれかえっていたが、兵士たちは少し内陸に入ったところにある無数のヤシの木や小屋のあいだから撃ってくる敵を発見しようとつとめていた。

レッドビーチ3──午前
RED BEACH 3 — MORNING

　すでにレッドビーチ3の沖の珊瑚礁で射撃位置についていた駆逐艦リングゴールドとダシールは、第8海兵第2大隊の兵士にとって心強い存在だった。両艦が浜辺の全域へ間断なく127mm砲の弾幕を展開していたおかげで、守備隊はしばらく身動きが取れなくなり、"ジム"・クロウの隊は最小限の損害で上陸を果たせ、LVTの第一波はわずか25名の死傷者ですんだ。

　三名の大隊長のうち、Dデイに上陸できた唯一の大隊長となったクロウは、ヒギンズボートが浅瀬で座礁して止まったため、渡渉上陸を強いられた。それでも彼はアムトラック隊の最後尾からわずか4分遅れで到着したのだった。

　EおよびF中隊が予定していた作戦行動は上陸後直ちに内陸部へ進出することで、G中隊はその後方を掃討することになっていた。しかし猛烈な砲火のため、両中隊は前進どころではなかった。防波堤の切れ目から2台のアムトラックが飛行場の誘導路まで進出し、守備陣地を確立するのに成功した。しかしまもなく彼らは敵に後方に回り込まれつつあることが判明し、孤立する危険性が生じた。

　橋頭堡で見るべき成果が上がっていたのは東側だけだった。ここではクロウの副官がバーンズ=フィルプ南海貿易会社の小桟橋を越えるのに成功

死の行軍（カー・イービー画）。無事上陸できた幸運な海兵隊員たちにとって、唯一の遮蔽物はベティオ島のほぼ全周を囲んでいた木造の防波堤だった。防波堤を越えようとしてやられた兵士は少なくなかった。（Navy Art Collection, Naval Historical Center）

勝利への険しい道（カー・イービー画）
圧倒的な敵砲火を生き延びた海兵隊員たちは、攻撃のために決死の前進を続けた。海兵隊の死傷者の過半数が上陸時のものであり、戦闘に参加した水陸両用トラクター125台のうち72台が上陸直後ないし前に撃破された。（Navy Art Collection, Naval Historical Center）

したが、すぐに押し戻された。そこでクロウは彼らの側面にG中隊を派遣し、いつ来てもおかしくない逆襲に備えて補強した。同日の大隊長のほとんどと同様、彼の無線機も使用不能だったので、彼は向かって右側のレッドビーチ2にいる海兵隊と連絡を取るために桟橋へ向けて伝令を走らせた。

その他の作戦行動
OTHER OPERATIONS

3個の上陸侵攻大隊が橋頭堡の確保を試みていたころ、シャウプ大佐は必死に浜辺にたどり着こうとしていた。受け取った報告を総合すると、状況が計画通りに進んでいないのは明らかだった。

彼は最初の上陸に失敗していた。彼はヒギンズボートからアムトラックに乗り換え、レッドビーチ2に向かったが、激しい砲火に断念せざるをえなかった。桟橋に接舷しようともしたが、アムトラックが故障してしまい、大佐とその幕僚は別のヒギンズボートに移乗して1030時ごろにやっと上陸できたのだった。彼は浜辺を駆け足で進んでいたところ、付近で炸裂した迫撃砲弾の破片で左脚を負傷したが、治療を拒否し、レッド2のすぐ内陸にあったトーチカに指揮所を確立した。陸上での通信はメリーランドのそれ同様、当てにならないことが判明してきた。シャウプは状況を把握しようと努めたが、背負い式無線機の大半が上陸時の戦闘中に海水に漬かっ

て故障していたため、徒労に終わった。無線が駄目ならばと、左右側面の中隊長と連絡を取るために伝令が派遣されたが、戻れた者はほとんどいなかった。しかし徐々に情報が伝わってきた。シャウプにはレッド1に上陸できた部隊がいること、その指揮官シェッテル少佐はまだ海上にいることがわかってきた。しかしライアン少佐が上陸し、同ビーチの西端で散り散りになっていた兵士をかき集めていたことは知らなかった。

ライアンの大隊長、シェッテル少佐は第四波とともに珊瑚礁にとどまっていた。彼は3個の大隊が入り江に進入後、大損害を出しているのを見て、これ以上上陸を続けるのは自殺行為だと考え、第四波と第五波の位置へ退いたのだった。1000時ごろ、彼は無線でシャウプと連絡を取るのに成功し、報告を送ってきた。「海岸全域にて猛砲撃を受け、上陸は不可能、形勢は不透明」さらに8分後、こう続けた。「レッド1右側面の浅瀬に艇隊を維持する、海上の部隊は猛砲撃を受けつつあり」シャウプは返信した。「レッドビーチ2に上陸し、西へ向かえ」回答は当惑すべきものだった。「もう何も上陸させられない」

同日そのすぐあとにシェッテルは再度シャウプに連絡を入れ、隷下の部隊との連絡が途絶えたと告げた。シャウプが返信する前に、メリーランドから通信を傍受していたジュリアン・スミス少将から簡潔な指令が届いた。「損害の如何にかかわらず上陸を命ずる。麾下の大隊を再掌握し、攻撃を続行せよ」

シェッテル少佐はその後、日本軍が最後まで立てこもっていたレッドビーチ1と2の境界にあった孤立陣地の無力化である程度の働きをしたが、Dデイにおける彼の采配がお粗末だったのには疑念の余地がない。戦闘の終了後、彼は第22海兵連隊へ異動され、エニウェトック島における戦功により青銅星章の候補に挙げられた。彼は1944年8月にグァムの戦いで戦死した。

ジョーダン中佐は連絡に成功し、第2第2の指揮をとるよう命じられたが、その大部分はシャウプの指揮所から見える防波堤の後ろに群れ隠れていた。彼はレッドビーチ3では数ヵ所の前進陣地が誘導路の目前にまで迫り、さらに東では少数の海兵隊員が180メートルほど内陸へ進出していることを新たに知った。

シャウプはつぎにウッド・カイル少佐麾下の第2海兵第1大隊に、レッド2に上陸してからレッド1へ向けて西進せよと命令した。しかしカイルには隷下の海兵隊を乗せるだけのアムトラックがいくら探してもなく、それでさらに遅れが生じた。同大隊はようやくレッド2へ向けて出発はしたものの、狙いの正確な猛砲撃を受けたため、多くの揚陸艇が西へ迂回してレッド1の最端部へ到着し、そのままライアン少佐の指揮下に入ったのだった。

第6海兵は、ホランド・スミス少将が第5軍団の承認なしでの投入を禁じていたため、いまだにベティオ島沖で輸送船に乗ったままだった。このためジュリアン・スミスには第8海兵の第1および第3大隊しか予備戦力がなかった。1018時、ホランド・スミスはロバート・ルード少佐麾下の第8第3の派遣を決断し、シャウプが彼らを必要とする場合に備えて出撃線へ移動させた。

何とか入手できた情報に基づき、ジュリアン・スミスはマキン島沖の北

部任務部隊に同行していたホランド・スミスに無線で報告した。「レッド2および3に上陸成功。師団予備より上陸部隊1個の投入を要請する。いまだ全域にて激しい抵抗を受けつつあり」ホランド・スミスは不安を覚えた。戦闘のこれほど早い段階で予備が投入されるのは異例だったからである。

"ジム"・クロウを支援するため、シャウプがルード少佐の第8第3にレッド3への上陸を命じたのは1130時ごろだった。出撃線にアムトラックはもう残っていなかったので、ルードと彼の部隊は不利なヒギンズボートで上陸するしかなかった。

日本軍の砲手たちの照準は今や完璧に近く、艇隊が珊瑚礁に到達するやいなや最初の斉射が始まった。ランプが開くと海兵隊員たち——その大部分が重装備だった——はベティオ島東端の砲陣地からの弾幕の中を海に飛び込んだ。深みに沈んで溺死した者も多かった。それを免れた兵士たちは、機関銃と小火器の十字砲火の真っ只中を、遠い岸をめざして重い足取りで進み始めた。

海岸ではクロウ隊の兵士たちが、爆発する揚陸艇と砲撃の水柱のあいだを懸命に進む人影が減り続けていくのを戦慄しながら見つめていた。キングフィッシャー観測機で飛んでいたマクファーソン少佐はこう語った。「ライフルを頭上にかかげ、ゆっくりと浜辺へ向かう小さな人影で海面は埋め尽くされていた。わたしは泣きたくなった」味方の部隊が全滅に瀕しているのを見て、ルード少佐は第四波を後退させるという勇断を下した。彼の判断の正しさは数分後、「上陸中止」を命じた連隊長ホール大佐によって裏付けられた。

負傷した戦友（カー・イービー画）
衛生兵として海兵隊軍団に配属された海軍の軍医たちは海兵隊員たちの尊敬を集めた。戦闘の最中でも"ドク"はどんなに深い傷にでも処置を施し、負傷兵を最寄りの軍医や野戦病院まで搬送した。
（Navy Art Collection, Naval Historical Center）

第2海兵連隊第3大隊L中隊隊長マイケル・ライアン少佐はレッドビーチ1の西側で海兵隊の混成部隊を編成し、指揮をとった。彼がD＋1にグリーンビーチを確保した意義は大きく、第6海兵連隊は無血上陸を果たせた。（USMC Historical Collection）

もはやジュリアン・スミスのもとに予備部隊はローレンス・ヘイズ少佐の第8第1しか残っておらず、彼らは出撃線で待機を命じられていた。1330時にジュリアン・スミスはホランド・スミスに第6海兵を第5軍団から自分の指揮下に戻すよう無線要請した。1430時に許可が下されたが、彼にはシャウプが第8第1をどこに上陸させたがるかが、もう確信できた。シャウプからの通信が来なかったので、彼はヘイズにベティオ島の最東端に上陸し、北西へ移動後、レッド2のシャウプと合流せよと命じた。またしても通信が途絶してしまったため、この命令は失われ、その結果、第8第1はDデイの残りと続く夜いっぱいを命令を待ちながら揚陸艇の中で過ごしたのだった。

情報が不足していたものの、インディアナポリスに乗艦していたスプルーアンス提督には作戦が停滞しているのはわかった。幕僚たちは事態に介入し、彼に指揮をとるよう進言したが、彼は却下した。彼のチームは彼が能力を見込んで人選した以上、戦いの指揮を全うさせられるべきだったのだ。

レッドビーチ1──午後
RED BEACH 1 — AFTERNOON

ライアン少佐はレッド1で途方にくれていた寄せ集め部隊の指揮をとることになった。彼のもとにいたのは3個ライフル中隊と1個機関銃小隊の残存兵に、カイル少佐の第2第1の残余だった。彼はその日の午前中のうちにアムトラックの操縦手、重火器担当兵、工兵、通信兵、衛生兵たちも集めていた。

入り江の東岸には午前の大破壊の元凶となった日本軍守備隊の強力な防御施設群がいまだに健在だったので、ライアンは南下してグリーンビーチを攻撃するのが一番有望だと感じていた。彼は1415時にシャウプに自分の状況を無線で知らせると、敵トーチカ群を蹂躙して橋頭堡を確立するべく進撃した。しかし彼らには歩兵火器しかなかったのが大きな問題となり、午後が過ぎるにつれ、最善の策は夜に備えて陣地の守りを固めることだと結論した。「拠点攻撃用の火焔放射器や爆薬がない以上、陣地にとどまって逆襲に備えるしかなかった」と彼は語った。

レッドビーチ2および3──午後
RED BEACH 2 AND 3 — AFTERNOON

Dデイの午後遅くまでに海兵隊は、レッド1の入り江の東端から大桟橋を経てバーンズ＝フィルプ波止場にいたる、レッドビーチ2から3の一部までに足場を確保したが、その損害は甚大だった。シャウプはルードに隷下のIおよびL中隊の再編成を命じたが、損失があまりにも大きかったため、両中隊は1個の混成部隊にされ、"ジム"・クロウの第8第2に吸収された。

増援部隊が西へ移動しないよう、戦艦と巡洋艦は島の東端を砲撃し続け、また空母支援部隊からの戦闘機隊と急降下爆撃機隊は海兵隊の制圧地域外で動くあらゆるものに機銃掃射や爆撃を加えていた。初日に大きな役割を果たすべく戦車隊と砲兵隊が準備されていたものの、浜辺の混乱状態のた

無数にあった敵火砲陣地の射界を次々に通過しながら内陸へ進撃する.30（7.5㎜）機関銃分隊の海兵隊員たち。写真から海兵隊員たちが戦った苛酷な状況—ずたずたになった木々、瓦礫、そして体力を奪う猛暑—がよくわかる。（National Archives）

めに投入計画は実現しなかった。75㎜榴弾砲を装備するプレスリー・リクシー中佐麾下の第10連隊第1砲兵大隊はいまだに沖の珊瑚礁で待機を続けていた。リクシーの部隊が装備の一部をレッド2の最東端に人力で揚陸できたのはその日のずっとあとだった。

　主砲に75㎜砲を装備したM4A2シャーマン中戦車は上陸作戦用の特別仕様だった。排気管と吸気口に取り付けられた高さ1.8～2.4mの延長部は上陸後に投棄されるようになっており、予想される喫水線より下の開口部はタール状の素材で防水されていた。砲撃と爆撃で珊瑚礁にうがたれる無数の砲弾孔のあいだを誘導するため特別偵察小隊が編成され、戦車の進路誘導用に蛍光オレンジの浮きが用意された。メルヴィン・スワンゴはレッドビーチ2を担当する小隊の一員だった。「わたしたちは戦車が安全に通過できるルートを示すため、珊瑚礁の端から海岸までの600～700mに目印を設置することになっていた。責任は重大だった」小隊の揚陸艇が珊瑚礁の端に到着したとたん、多くの隊員が戦死したり負傷したが、無事だった隊員は船べりを乗り越え、肩までの深さの海に漬かりながら危険な任務に着手した。

　「浮きが使えないのはすぐにわかった。ロープは塩でべとべとになって解けず、錨は浮きを何個もつなぐには軽すぎた。わたしたちは一列横隊になって、互いのあいだのクレーターを残らず見つけられる限界まで間隔を広げた。クレーターごとに一人が残って、戦車が安全に進めるよう誘導した。

DデイとD＋1の上陸時に海兵隊は損害のほぼ50％を出した。写真は日本軍の木造便所を背に、砂浜で波に洗われる遺体を前に行なわれる戦死者の身元確認という気の重い作業。（US Navy）

島に近づくほど敵の砲火は激しくなった。恐ろしいことに数少ない仲間は、目をやるたびに数が減っていった。

「友軍の戦車はわたしたちに注意しながら海を渡ってきたが、排気音のうなりが深海の怪獣のようだった。ときおり戦車のハッチがちょっと持ち上がって、中の戦友が挨拶してくれた。とうとう全部の戦車が通り終わった―ほとんどが成功だ―しくじって沈んだり棄てられたものは少なかった。わたしは隊の仲間を探したが、残っていたのはほんの少しだけだった」

レッド3にはC中隊の第2および第3小隊の8輌の戦車が上陸を試みた。1輌が水没放棄されたものの、残りは岸に到着し、クロウ少佐はそれらに東へ行って隷下の歩兵部隊を支援するよう命じた。

レッドビーチ1では6輌のシャーマンが上陸を実施したが、4輌が水没したり砲弾孔にはまってしまった。無事浜辺に着いた2輌、シカゴとチャイナ・ギャルは狭い浜に横たわる無数の海兵隊の死傷者を避けるため、遠回りで危険な内陸ルートを取らざるをえなかった。シカゴは敵の砲兵に撃破されたが、チャイナ・ギャルはグリーンビーチへ到達し、ライアン少佐隊への貴重な増援となった―しかしその75mm主砲は使用不能だった。

指揮レベルにおける混乱が悪化の一途をたどっていたので、ジュリアン・スミスは陸上の状況を把握するため、副官レオ・ハームル准将に桟橋から上陸し、情報を収集して報告するよう命じた。ハームルはシャウプの指揮所の位置がつかめず、同日遅くにスミスと連絡を取るまでに会えなかった。ハームルはD＋1まで桟橋にとどまってからメリーランドへ帰還したが、そこで初めてスミスが自分に島の指揮をとるよう命令を送ったことと、それが届かなかったことを知った。その結果、デヴィッド・シャウプがD＋1もベティオ島の指揮をとり続けたのだった。

海兵隊の攻撃、1943年11月20日

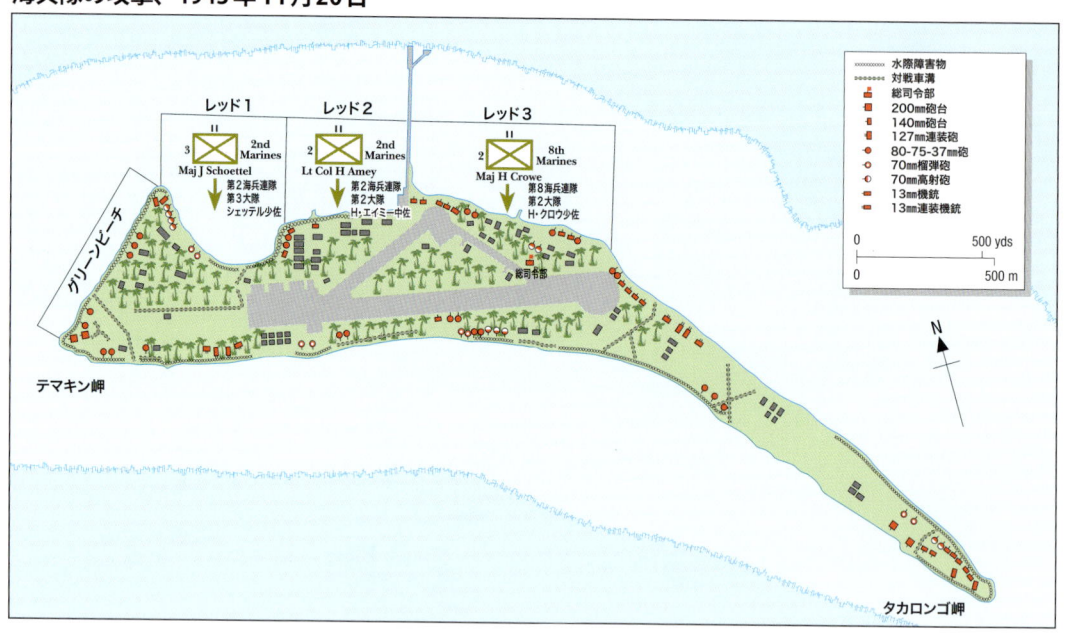

凡例
水際障害物
対戦車溝
総司令部
200mm砲台
140mm砲台
127mm連装砲
80-75-37mm砲
70mm榴弾砲
70mm高射砲
13mm機銃
13mm連装機銃

レッド1 — 3/2nd Marines — Maj J Schoettel — 第2海兵連隊 第3大隊 シェッテル少佐

レッド2 — 2/2nd Marines — Lt Col H Amey — 第2海兵連隊 第2大隊 H・エイミー中佐

レッド3 — 2/8th Marines — Maj H Crowe — 第8海兵連隊 第2大隊 H・クロウ少佐

グリーンビーチ

テマキン岬

総司令部

タカロンゴ岬

戦闘

42

海兵隊制圧範囲、1943年11月20日1800時

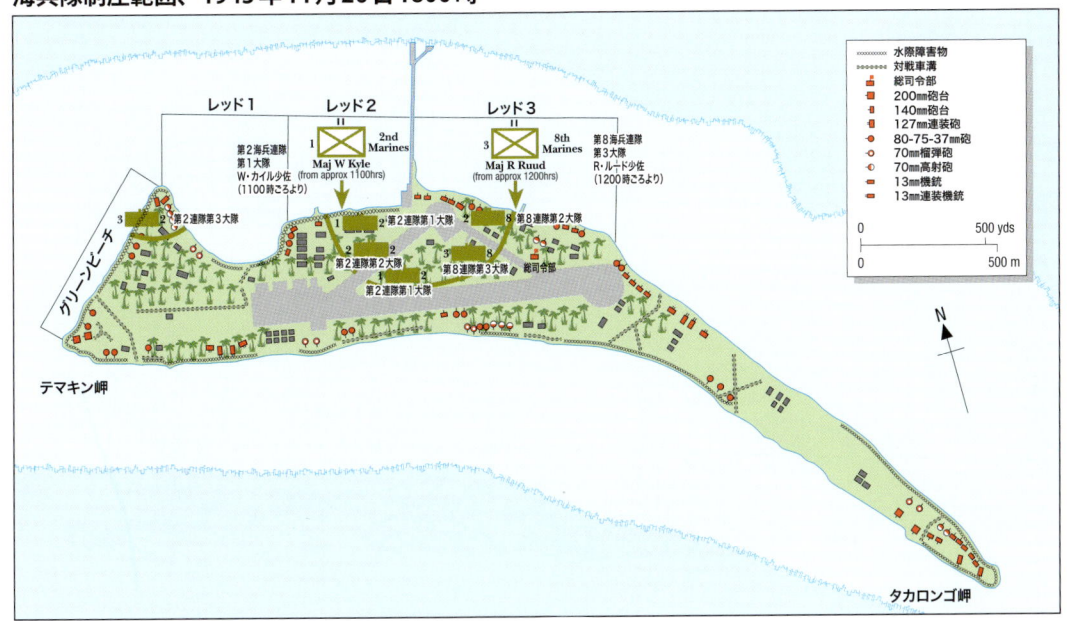

守備隊
THE DEFENDERS

柴崎提督がタラワ島攻略は海兵隊「たとえ百万をもってしても不可能」と豪語していたのは単なる誇張だったものの、陸戦隊は決死の覚悟で抵抗を繰り広げていた。彼らの射撃は連携が取れ、狙いも正確で、特にレッドビーチ1と2では先鋒のアムトラック隊は膨大な死傷者を出し、LCVPヒギンズボートから渡渉上陸を強いられた海兵隊は珊瑚礁へたどり着くまでに大損害を被った。

提督の4ヵ月にわたる猛訓練は報われたものの、彼はアメリカ軍の上陸する可能性が最も高いと思われた南部と西部に防備を集中させていたことを後悔したに違いない。島の全周を地雷、四面体、障害物で取り囲むという彼の目論見も時間不足のため実現しなかった。だが3,000個の地雷が備蓄されたままだったことで、攻撃側にとっては珊瑚礁がはるかに厄介な障害であることが浮き彫りになった。

戦いの形勢をアメリカ軍に決定的に有利に変えたその出来事が起こったのは、Dデイの午後のことだった。島の某所にいたある目ざとい海兵隊員が開けた土地に立っている日本軍将校の一団を発見し、リングゴールドとダシールに艦砲射撃を要請すると、両艦は信管を空中起爆にセットした127mm砲弾で一斉射撃を加えた。その一団は柴崎提督と彼の全幕僚だったことが判明した。彼らはそのコンクリート造トーチカの司令部を寛容にも病院として提供することにし、数百m離れた第二司令部へ移動するところだった。結果として、爆発により柴崎と幕僚の全員が死亡した。

柴崎の死の意味は計り知れなかった。彼が生きていれば、Dデイの夜に無防備な陣地にいた海兵隊に対し、大規模な逆襲を決行しただろうことはまず間違いなかった。かろうじて上陸を果たせた3,000名は、わずか数m

左頁下：ルドロフ中尉のシャーマン戦車はベティオの戦いで何発もの日本軍ロケット弾を被弾したが、戦闘を継続した。(National Archives)

内陸の孤立陣地にしがみついていただけで、砲兵隊の支援も戦車もほとんどなかった。日本軍が夜戦を得意としていたのは有名だったが、海兵隊も夜間の陣地守備戦は望むところだった。もし夜間攻撃が実施されていた場合の結末は想像するしかない。最良でも海兵隊は全前線において激しい攻撃にさらされ、甚大な損害を出したことだろう。最悪の場合は歴史的な壊滅となっていたかもしれない。

防水仕様のシャーマンを砲弾孔を避けてレッドビーチ2へ誘導するという大任を果たしてから上陸し、橋頭堡に放棄された膨大な装備品のあいだを縫って歩くメルヴィン・スワンゴ（左）。左手には擦過傷と当日に受けた火傷のため、包帯を巻いている。（USMC）

日本軍はレッドビーチ1へ接近するアムトラック隊に甚大な損害を与えた。放棄されたLVT群と木製障害物のまわりに浮かぶ遺体が防御施設の有効性を物語っている。(National Archives)

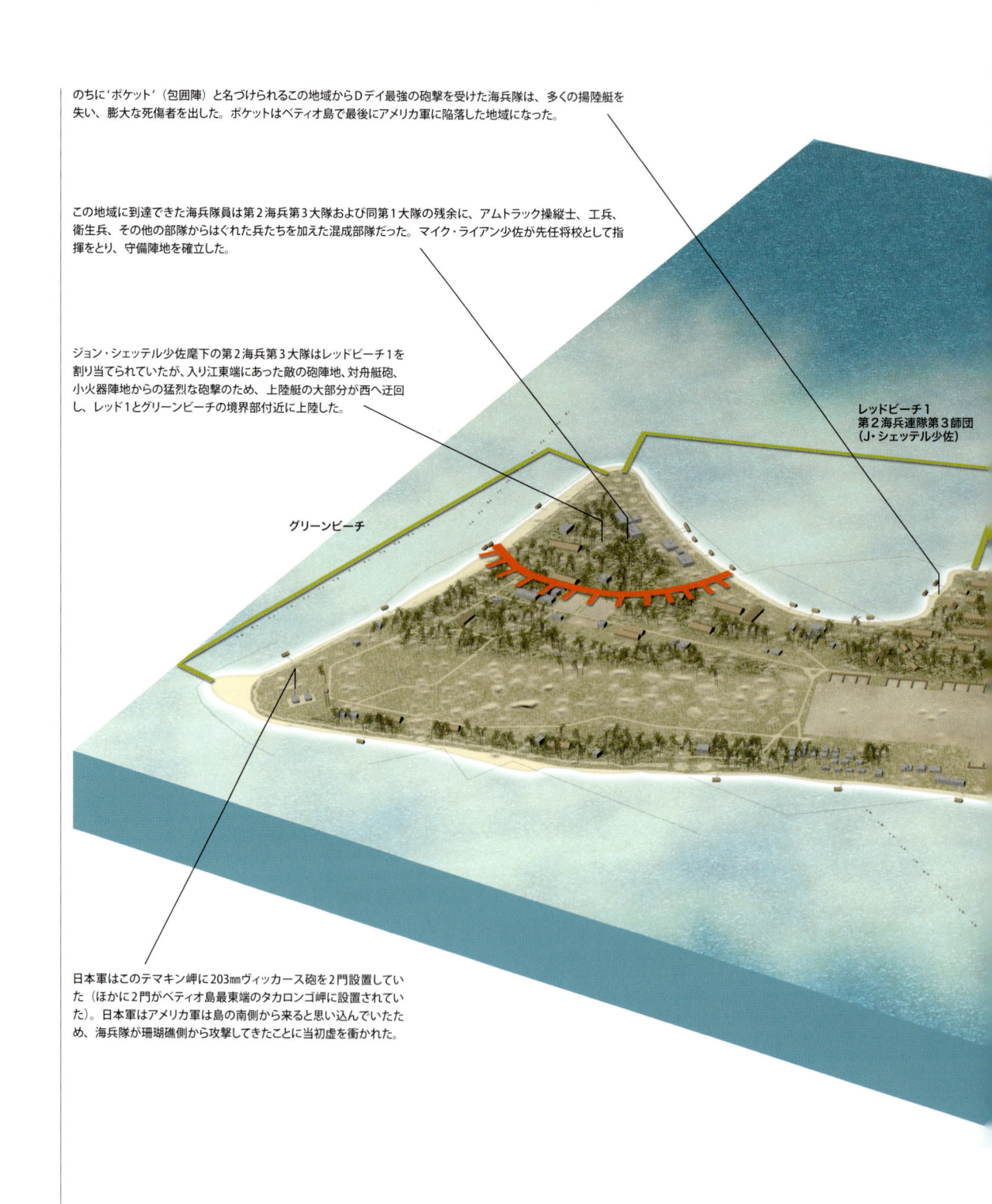

のちに'ポケット'（包囲陣）と名づけられるこの地域からDデイ最強の砲撃を受けた海兵隊は、多くの揚陸艇を失い、膨大な死傷者を出した。ポケットはベティオ島で最後にアメリカ軍に陥落した地域になった。

この地域に到達できた海兵隊員は第2海兵第3大隊および同第1大隊の残余に、アムトラック操縦士、工兵、衛生兵、その他の部隊からはぐれた兵たちを加えた混成部隊だった。マイク・ライアン少佐が先任将校として指揮をとり、守備陣地を確立した。

ジョン・シェッテル少佐麾下の第2海兵第3大隊はレッドビーチ1を割り当てられていたが、入り江東端にあった敵の砲陣地、対舟艇砲、小火器陣地からの猛烈な砲撃のため、上陸艇の大部分が西へ迂回し、レッド1とグリーンビーチの境界部付近に上陸した。

レッドビーチ1
第2海兵連隊第3師団
（J・シェッテル少佐）

グリーンビーチ

日本軍はこのテマキン岬に203mmヴィッカース砲を2門設置していた（ほかに2門がベティオ島最東端のタカロンゴ岬に設置されていた）。日本軍はアメリカ軍は島の南側から来ると思い込んでいたため、海兵隊が珊瑚礁側から攻撃してきたことに当初虚を衝かれた。

**タラワ環礁ベティオ島
1943年11月20日Dデイ
1800時までの米海兵隊制圧範囲の概況**

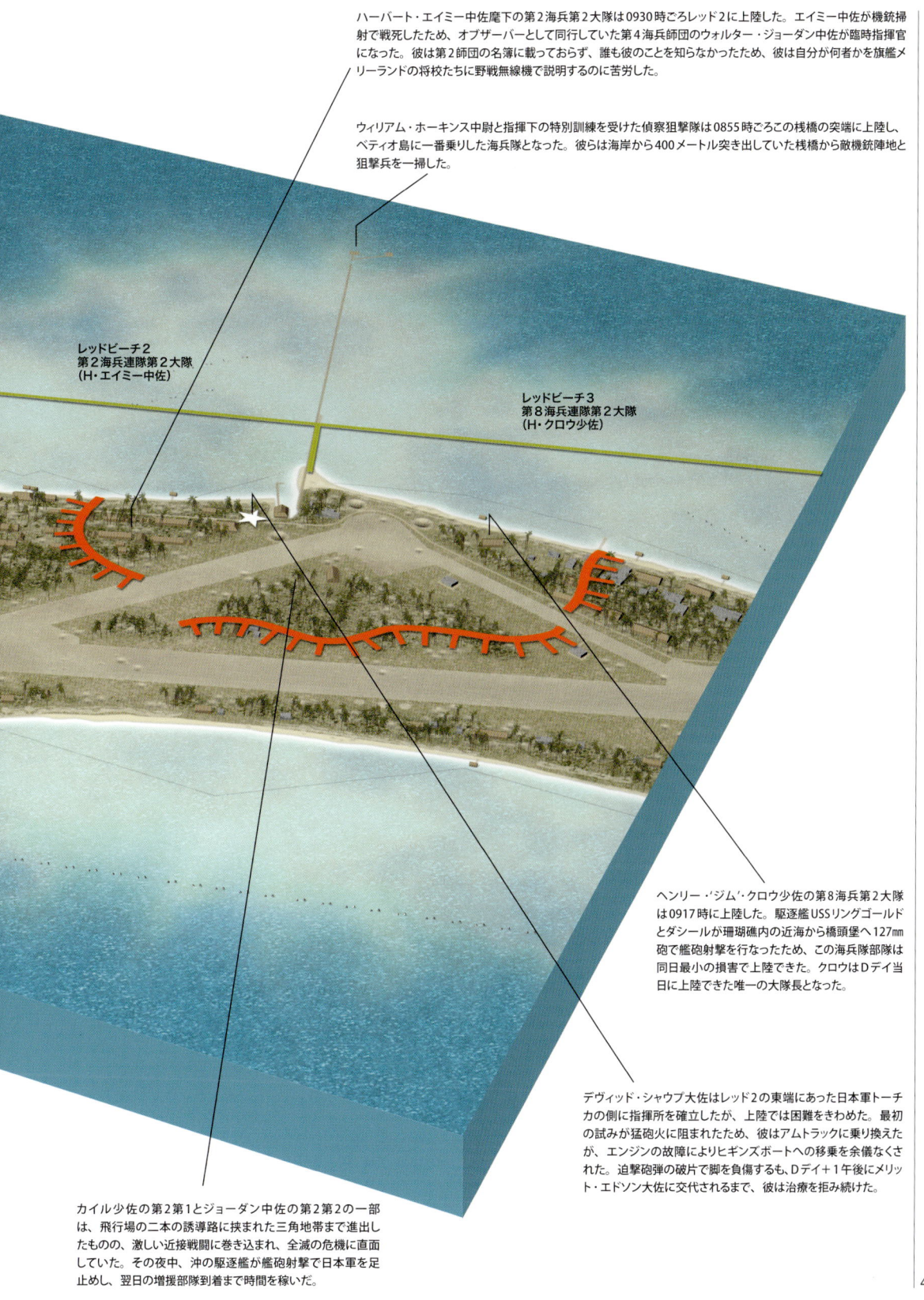

ハーバート・エイミー中佐尾下の第2海兵第2大隊は0930時ごろレッド2に上陸した。エイミー中佐が機銃掃射で戦死したため、オブザーバーとして同行していた第4海兵師団のウォルター・ジョーダン中佐が臨時指揮官になった。彼は第2師団の名簿に載っておらず、誰も彼のことを知らなかったため、彼は自分が何者かを旗艦メリーランドの将校たちに野戦無線機で説明するのに苦労した。

ウィリアム・ホーキンス中尉と指揮下の特別訓練を受けた偵察狙撃隊は0855時ごろこの桟橋の突端に上陸し、ベティオ島に一番乗りした海兵隊となった。彼らは海岸から400メートル突き出していた桟橋から敵機銃陣地と狙撃兵を一掃した。

レッドビーチ2
第2海兵連隊第2大隊
（H・エイミー中佐）

レッドビーチ3
第2海兵連隊第2大隊
（H・クロウ少佐）

ヘンリー・'ジム'・クロウ少佐の第8海兵第2大隊は0917時に上陸した。駆逐艦USSリングゴールドとダシールが珊瑚礁内の近海から橋頭堡へ127mm砲で艦砲射撃を行なったため、この海兵隊部隊は同日最小の損害で上陸できた。クロウはDデイ当日に上陸できた唯一の大隊長となった。

デヴィッド・シャウプ大佐はレッド2の東端にあった日本軍トーチカの側に指揮所を確立したが、上陸では困難をきわめた。最初の試みが猛砲火に阻まれたため、彼はアムトラックに乗り換えたが、エンジンの故障によりヒギンズボートへの移乗を余儀なくされた。迫撃砲弾の破片で脚を負傷するも、Dデイ＋1午後にメリット・エドソン大佐に交代されるまで、彼は治療を拒み続けた。

カイル少佐の第2第1とジョーダン中佐の第2第2の一部は、飛行場の二本の誘導路に挟まれた三角地帯まで進出したものの、激しい近接戦闘に巻き込まれ、全滅の危機に直面していた。その夜中、沖の駆逐艦が艦砲射撃で日本軍を足止めし、翌日の増援部隊到着まで時間を稼いだ。

47

柴崎提督のコンクリート造トーチカ。Dデイに提督と幕僚全員が艦砲射撃で戦死したのはこの場所である。写真は戦闘終結後の撮影だが、放棄された九五式軽戦車が見え、戦闘中に建物が受けた損傷から艦砲射撃の威力が伝わってくる。（USMC）

Dデイ＋1
D-DAY+1

　アメリカ軍がベティオ島に築いた足がかりは不安定だった。レッドビーチ1の右側でライアン少佐とその寄せ集め部隊が確保していたのは、二方が海に面した幅約230m、奥行き270mほどの土地だった。彼らには物資が不足し、脱出するすべもなかった。

　レッド2から3にまたがる橋頭堡では兵士たちはかろうじてお互いの連携を保っていたが、彼らとライアンは500m以上離れていた。その前線は主桟橋の270mほど手前から始まり、東はバーンズ＝フィルプ波止場の近くまで伸びていたが、そこでは少数の海兵隊員が内陸への前進を強行し、飛行場の主滑走路の数m手前にまで迫っていた。

　シャウプはその夜のうちに大逆襲があるものと確信し、ジュリアン・スミス少将はこの時のことを自身の軍歴中で最悪だったと後年認めている。彼は「現在位置を維持せよ、上陸部隊間で連絡を確立せよ、大規模な逆襲に備えよ」とシャウプの指揮所へ送信した。

　アメリカ軍は柴崎の死を知らなかった。数十年後まで彼は戦いの終わり間際に戦死したものと信じられていた。第5軍団の参謀たちは予想された攻撃がなかったことをいぶかしんだ。それまで不撓不屈で恐れを知らない戦士だった日本兵が、指揮官を失ったとたんに統率を乱し、戦意を喪失するとは考えられなかった。日本軍には別の部隊と組んで部隊を立て直す、あるいは各自で行動するという、海兵隊の持っていた能力が欠けていたのだった。

上陸後、ある浜辺で釘付けにされた海兵隊の一団。このような小規模な部隊があちこちで散発的な前進を試みていたが、Dデイ＋1にようやく内陸への大規模な進撃が始まった。(National Archives)

　未明に日本軍陣地から散発的な砲撃があったり、マーシャル諸島から飛来した航空機が島西部の物資集積所に爆撃を試みて不成功に終わったりしたが、その夜は全体的に平穏に過ぎていった。夜が明けて気温が上がり始めると、ベティオ島の北部の各地にいた海兵隊員たちは凄まじい臭気に気づいた。浜辺と波打ち際に散乱したままだった無数の死体が腐り始めたのだった。それらの地域は埋葬班が入るにはまだあまりにも危険すぎ、続く二日間での総戦死者は数千名に上ったため、その悪臭は海兵隊員たちの心に戦いの記憶として深く刻まれたのだった。
　ヘイズ少佐の第8第1は出撃線でヒギンズボートに乗船したままだった。24時間近くも飲まず食わずで、トイレ設備もなかった彼らの雰囲気は最高とは言いがたかった。0615時にようやく彼らはレッド2へ向かえとの命令を受けたが、またしてもヒギンズボートは浅瀬に乗り上げ、日本軍は猛烈な機関銃と小火器の集中射撃を加えた。前日から何の教訓も学ばれていなかったのは明らかだった。
　ヘイズ隷下の兵士たちが座礁した直後、輸送船シェリダンに乗り組んでいた二名の海軍大尉、ジョン・フレッチャーとエディ・A・ヘイムバーガーは、150名もの負傷した海兵隊員が珊瑚礁に取り残されているのに気づいた。二人はそれぞれ別個に兵士たちの救助を開始し、燃料運搬船に乗せて沖合の病院船へ運ぼうとした。ヘイムバーガー艇のスクリューが珊瑚にぶつかり大破したため、彼は珊瑚礁へ微速で戻り、負傷した海兵隊員をもっと乗せるためにLCVPを1隻徴発した。そのころには潮は珊瑚礁内へ急速に

上:浜辺のいたるところにDデイに戦死した海兵隊員の遺体が漂着していた。ここレッドビーチ1では水没した戦車のまわりに野戦埋葬班による回収と身元確認を待つ哀れな死者たちが群れをなしていた。(National Archives)

左:同じ場所を反対側から見る。(National Archives)

　流入しつつあり、彼は敵の集中砲火に狙われていた。
　たった1隻では埒が開かないと悟ったヘイムバーガーは、他のLCVPを何隻も駆り集めて再び浅瀬へ向かった。このとき彼は沿岸砲台とニミノアの両方から砲撃された。ニミノアは大桟橋の西側にあった古い難破船だった。(英国籍の小型貨物船。日本軍は斉田丸と呼んでいた)彼はLCVPが装備していた.30口径機関銃を撃ち返し、自分がニミノア内の日本兵と戦っているあいだ、ほかの艇に珊瑚礁から180m離れたところにいるよう合図した。珊瑚礁に戻る途中、彼はLCVPの残骸から泳ぎ出てきた一人の日本軍狙撃兵から再び銃撃された。自分の艇が高オクタン燃料の入ったドラム缶を8本載せているのを認識していた彼は、その狙撃兵をさっさと始末すると、

負傷兵の救出を再開した。

　その日の午後、彼は13名の海兵隊員を救助した。無傷だった35名の海兵隊員は海に沈んだ武器の代わりを持ってきてくれと彼に頼んだ。彼は努力してみると請け負った。その後ヘイムバーガーは浜へ向かう途中の第8海兵連隊長ホール大佐に会い、彼にニミノアの狙撃兵と珊瑚礁に取り残された海兵隊員のことを話した。ホールは連隊の外科軍医にヘイムバーガー艇に乗船し、負傷兵にできるだけのことをするよう命じた。

　この日の行為により、この若い大尉は海軍勲功章を授与されたが、戦後彼はファーストネームとミドルネームをつなげたエディ・アルバートの芸名でプロ俳優としての活動を再開した。彼が代表作の映画「攻撃」で臆病者の士官を演じて喝采を浴びたのは皮肉なことである。

　それからシャウプはヘルキャット戦闘爆撃機隊がニミノアを500ポンド（225kg）爆弾と機銃で攻撃する間、上陸を一時停止するよう命じたが、攻撃は爆弾が1発命中しただけで、あまり効果がなかった。結局、この難破船はメリーランドとコロラドの主砲で粉砕されることになった。

　リクシー中佐は前夜のうちに指揮下の砲兵隊の一部を上陸させていたが、その出番がついに来た。彼は75㎜榴弾砲2門をレッド2の東端へ配置すると、入り江の端の敵拠点へ砲撃を開始し、ヘイズの第8第1が少しでも少ない損害で上陸できるようにした。

　0800時にヘイズはシャウプに自分の大隊の残存戦力を報告した。死傷者は約50％で、大量の装備が海中に失われていた。時間が経過し、潮が

弾丸と鉄条網（カー・イービー画）
太平洋戦争の上陸作戦で、海兵隊はこれほど凄まじい障害物に遭遇したことがなかった。珊瑚礁で座礁した海兵隊員たちは、激しい敵砲火の中を浜辺へ向けて歩くしかなかった。（Navy Art Collection, Naval Historical Center）

満ちれば37㎜対戦車砲、ジープ、ブルドーザー、ハーフトラックなどの大型の装備が揚陸されるはずだったが、当面シャウプは今あるものだけで対処しなければならなかった。

D＋1の最優先目的はベティオ島の反対岸へ到達し、日本軍守備隊を二つに分断し、ライアン少佐と合流することだった。彼の海兵隊残存部隊はレッド2の右側面にいた部隊の補強に向かったが、攻撃の支援に戦車が1輌加わったにもかかわらず、前進は滞り、不吉な膠着状態がおとずれた。

日本軍は最初の夜を内陸の防御の強化に費やしていた。Dデイに飛行場の西誘導路の横断に成功していた海兵隊部隊は、今や主滑走路と二本の誘導路に囲まれた"三角地帯"に閉じ込められていた。日本軍はこの地域を射撃するために機銃を配置し終えていた。そのため滑走路を横切ることはほぼ確実に死を意味していた。"三角地帯"にいた海兵隊は大半がウッド・カイル麾下の第2第1のAおよびB中隊で、レッドビーチ2から事実上孤立していた。シャウプは手持ちの部隊をベティオ島内陸部に進出させることを決断した。艦載機による支援空爆後、この海兵隊部隊は"三角地帯"と海とを隔てる奥行き100m余りの土地を突撃し、長さ180mの塹壕を制圧して潜り込んだ。敵は東側面から執拗な反撃を敢行し、それが一段落したとき海兵隊は大きな損害を出していた。

同日午後、さらにシャウプはジョーダン中佐が指揮をしているらしい第2海兵第2大隊が進出していた南側へ命令を送った。同混成部隊には進撃し、レッド3から内陸へ進出していたクロウと合流することが期待されていたが、ジョーダンは無線でこちらの兵は200名に満たず、うち30名は負傷し、弾薬、手榴弾、食料、水がきわめて不足していると回答した。状況を把握したシャウプは、彼に現在位置の防御を固めるよう命じ、アムトラ

次頁上：島内での移動は命がけだった。写真はある陣地から別の陣地へ、開けた場所を駆け抜ける海兵隊員。飛行場の誘導路周辺の地域が第2および第8海兵連隊の先行していた小部隊に占領されると、日本軍が付近を縦射する機銃を配置したため、移動は非常に危険になった。(National Archives)

次頁下：日本軍の陣地を占領したのち、反撃に応戦する海兵隊。手榴弾を投げる海兵隊員の側らでは別の兵が一服し、空に近い水筒で喉を潤している。(National Archives)

リクシー中佐の第10連隊に所属する75㎜榴弾砲。中央に立っている分隊長はアームストロング軍曹と確認された。彼のヘルメットに開いた銃弾か弾片の貫通口に注意。(USMC)

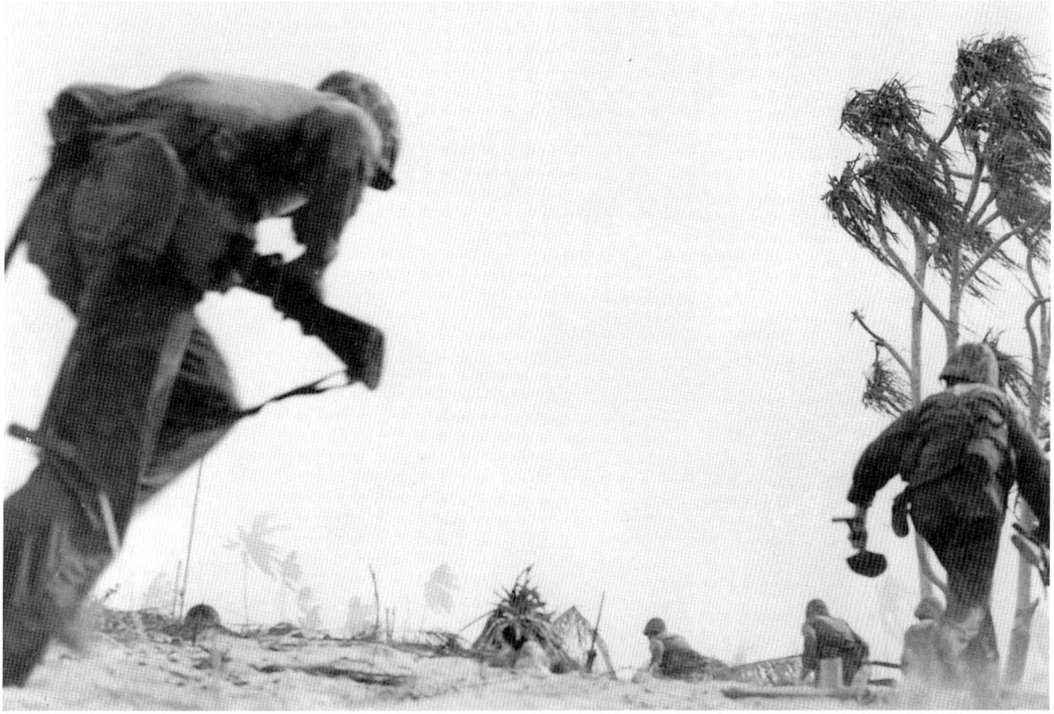

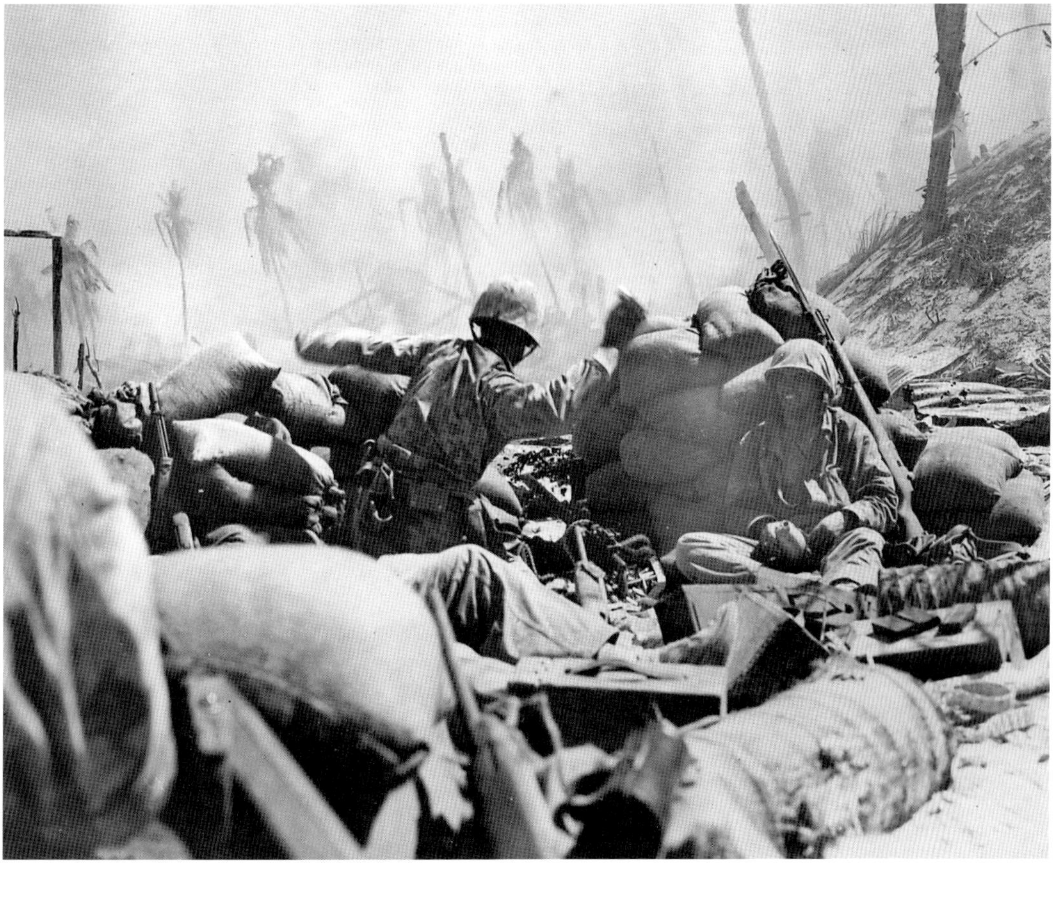

第165歩兵連隊第2大隊の軍医に手当てされる負傷兵、マキン島にて。（National Archives）

ックで物資を届けるよう努力すると伝えた。
　レッドビーチ3から抜け出そうとしていたクロウと隷下の部隊は、トーチカ群とバーンズ=フィルプ波止場のすぐ後方にあった1ヵ所の大型耐爆掩蔽壕によって足止めされていた。撃ち合いはその日ずっと続き、多くの敵が射殺されたものの、敵兵の増援は尽きないように思われた。「いったい全体やつらはどこからやって来るんだ？」クロウはののしった。「トウキョウに続いているトンネルでもあるのか？」
　一方、グリーンビーチではD+1（あるいは戦闘の全期間中）最大の成果がライアン少佐とその寄せ集め海兵隊によって達成されつつあった。チャイナ・ギャル——75mm砲は使えないものの、まだ移動機銃座としては貴重な価値があった——と、Dデイに脱輪して行動不能になったものの、その後脱出した別のシャーマン、セシリアの到着で補強されたライアン隊は、グリーンビーチを通過して島の最西南端に位置するテマキン岬へ進撃するための準備をしていた。
　海軍の射撃観測士官トーマス・グリーン大尉は前夜に浜辺に出て、沖にいた2隻の駆逐艦と連絡を取りあっていた。1000時に海岸全域の敵陣地への砲撃が始まった。「あの午前の攻撃はよく統制が取れていた」とライアンは語った。「事実、要請された砲撃はわれわれが友軍の前線だと報告した位置にあまりにも近かったので、海軍の軍艦が師団長本人の許可が下りるまで要請に従わなかったほどだった」
　集中砲撃が止むと海兵隊はセシリアで歩兵の進撃路を開きながら前進を開始し、1100時に先行部隊がテマキン岬の203mmヴィッカース砲まで進出

Dデイ＋1、ジョーンズ少佐の第6第1の上陸後に撮影されたグリーンビーチ。浜辺にゴムボートがまとめて放棄され、波打ち際にアムトラックが数台見える。付近の兵士たちが浜に集結している。（US Navy）

した。この短時間だが見事な協同攻撃でライアンはグリーンビーチを制圧し、第6海兵連隊のずっと遅い上陸に供した。ジュリアン・スミスがこれを「Dデイ＋1で一番明るいニュース」と宣言したのも当然だろう。まもなくライアンはシャウプにレッドビーチ1を経由して東へ進撃するため部隊を再編中と報告したが、指揮所から現在位置を維持せよとの返信が届くと、彼は部隊に占領地の守備を固めるよう命じた。

　D＋1の1600時、シャウプ大佐はジュリアン・スミスにベティオ島の状況総括を伝えた。ライアンと指揮下の部隊はグリーンビーチを奥行き90～140メートルにわたり確保していた。レッド2では第8第1の残存部隊が入り江の端の日本軍拠点までの浜辺を確保していた。レッド3では第8第3がバーンズ＝フィルプ波止場の周辺に配置されていた。内陸では第8第2が飛行場の主滑走路の際まで進出し、南部海岸では第2第1および第2第2の一部が全長180メートルほどの飛び地で東西を敵に挟まれて孤立していた。彼は続けた。「損害は大きく、戦死者のパーセンテージは不明だが、戦闘効率では―われわれが勝っている」今やグリーンビーチへの無血上陸の道は開かれ、輸送船フェランドが沖合約1,000mにまで接近していた。浜辺は安全だったので、ウィリアム・ジョーンズ少佐の第6海兵第1大隊は通常は渡河用のゴムボート（LCR）で上陸したほどだった。しかしゴムボートがこの種の作戦に適当かどうかはまだ確証がなかったため、その多くはヒギンズボートに曳航された。遅れがこれだけにとどまらなかったため、同部隊の上陸は1900時までに完了せず、第2大隊の戦車の多くが上陸したのは日没後だった。その結果、第6第1はその夜はグリーンビーチにとどまり、

橋頭堡が確立されると、海兵隊が渇望していた補給物資が揚陸可能になった。写真は貨物扉を開けたLVTから大型コンテナを搬出するトラクター。(National Archives)

翌朝の攻撃に備えた。

　D＋1の午後、環礁内のある艦の見張り士官が日本兵の集団がベティオ島から隣のバイリキ島へ移動しているのを目撃したと報告した。（干潮時には島々をつなぐ珊瑚礁帯は歩くか泳げば移動可能だった。）レイモンド・マーレー中佐の第6第2はジョーンズの第6第1の支援にあたる予定だったが、この脱出路を遮断するため揚陸艇の進路を変えた。

　D＋1の夕刻には海兵隊はずっと有利な立場を占めるようになっていた。初日に敵が逆襲の機会を逸してくれたおかげで、アメリカ軍には余裕が生まれ、それ以降の見通しが明るくなった。補給物資は大桟橋から次々に陸揚げされ、リクシー中佐は隷下の砲兵隊の残りを上陸させることができ、2030時には師団参謀長のメリット・エドソン大佐が到着し、疲労の限界にあったシャウプから指揮を引き継いだ。公式にはエドソンはベティオ島の全指揮を受け持つはずだったが、シャウプ大佐は戦闘の終結まで島に残り、感染症を発症していた脚の治療後もエドソンの補佐を続けた。

　従軍記者ロバート・シェロッドが日本軍の弾幕の真っ只中を640mほど歩いて渡渉上陸したのはDデイの午後だった。その途中、彼はほとんど裸の日本兵が海中から現われ、放棄された戦車に潜りこむのを見て驚いた。彼はそのことを上陸後に報告したが、その海兵隊士官は忙しすぎてそれどころではないようだった。シェロッドは戦いの終結から数ヵ月後、1944年にアメリカへ帰国し、この戦いについて一冊の良著を書いたが、そこには戦闘中の印象的な場面が数多く記されていた。「わたしは防波堤の近くで行動不能になっていたアムトラックの後ろに『安全な』場所を見つけた。15分もしないうちに、わたしはこの戦争でそれまで見たこともないぞっとする光景を目にした。

　「ひとりの若い海兵隊員が浜を歩いていた。彼はわたしの横に座っていた仲間に笑いかけた。銃声がし、その海兵隊員はくるりと一回転すると、地面に倒れて死んだ。彼は倒れたところから数フィート離れていたわたしたちを見つめていた。こめかみを真横から撃ち抜かれたので、彼の両目は

大きく見開かれたままだったが、それはまるで自分の身に起きたことに戦慄しているようだった」

島のどこかから最後の通信文が東京へ打電された。「もはや武器弾薬は尽きけり。これより各自最後の突撃を決行せん。大日本帝国万歳」

Dデイ+2
D-DAY+2

戦いの三日目、エドソンとシャウプは三方面攻撃を決断した。ジョーンズの第6第1はライアン隊を通り抜けて東へ進撃し、飛行場の南端と海に挟まれた地域を攻撃、南海岸にいる第2第1および第2第2の一部と合流する。同時にヘイズ少佐の第8第1はレッド2の陣地から西側を攻撃し、レッド1と2の境界に位置するポケットの頑強な砲陣地を攻略する。第三方面ではエルマー・ホール大佐の第8第2および第8第3が東進し、バーンズ=フィリプ波止場より内陸の敵を蹂躙する。特にジョーンズの部隊だけは到着したばかりだったものの、それ以外の部隊がほとんど食事抜き、少ない水だけで二昼夜戦い通しだったことを考えると、これは大胆な作戦だった。

一方、一連の矛盾した命令のせいで前日の1600時から出撃線で待機し続けていたケネス・マクラウド中佐と第6第3の海兵隊員たちは、0800時にようやくグリーンビーチに上陸し、一息ついていた。

0800時の直後、ジョーンズと隷下の第6第1は出撃した。正面が狭かったため─100メートルもなかった─彼らは3輌の軽戦車を先鋒に立て、C中隊を先頭に中隊ごとに縦隊で前進しなければならなかった。敵の抵抗は驚くほど弱く、縦隊は3時間をかけて1キロ近くを制圧し、1100時に南海岸の孤立部にまで到達したが、これは前日までの基準では画期的な大躍進だった。

小休止ののち、ジョーンズは艦砲射撃とヘルキャット戦闘機による空襲の支援を受けながら東へ進撃を続行し、一群のトーチカと掩体陣地を撃破するとともに100人以上の敵を倒した。

0700時にヘイズ少佐の第8第1の兵士たちはC中隊を内陸側、A中隊を中央、B中隊を浜辺側に、レッド1と2にまたがる強力な拠点への攻撃を開始した。3輌のM3A1軽戦車（スチュアート）が攻撃の先鋒をつとめていたにもかかわらず、ヤシの木造で砂が盛られ、相互援護射撃の可能な複合掩体陣地から激しい抵抗を受けたため、海兵隊は100メートルも前進できなかった。スチュアート戦車がこの障害物を排除しようとしたが、貧弱な37ミリ砲では歯が立たなかったため、2台のSPM─特殊武器大隊所属の75ミリ砲を装備したM3ハーフトラックに交代させられた。この砲はより有効で、いくつかの陣地を沈黙させたが、装甲の薄いハーフトラックは敵の砲火に弱かったため後退を強いられた。"ポケット"の名が定着していたこの拠点は、エドソンとシャウプの期待に反し、その日中に制圧されることはなかった。事実、ここはベティオ島でアメリカ軍に陥落した最後の陣地となった。

"ジム"・クロウ少佐の第8第2と第8第3からなる混成部隊は東へ向けて出発し、バーンズ=フィリプ波止場を越えて主滑走路の東端をめざして前進した。まもなく彼らは三つの大きな障害物に遭遇した。鋼鉄製トーチカ、

この岬に集中配置されていた日本軍の対舟艇砲、榴弾砲、機銃は、堅固なトーチカや入念に構築された掩体陣地に収められていたため、Ｄデイの大惨劇が引き起こされた。ここはベティオ島で最後に陥落した拠点となった。

マイケル・ライアン少佐とＤデイのレッド１上陸の生存兵からなる寄せ集め部隊は、Ｄデイ＋１に２輌のシャーマンと沖の駆逐艦からの正確な艦砲射撃の支援を受けながら、グリーンビーチ攻撃を敢行した。彼らは短時間かつ統率のとれた作戦行動で西海岸全域を一気に制圧し、同夜に第６第１が安全に上陸できるようにした。

第６海兵連隊
第１大隊（Ｗ・ジョーンズ少佐）
1900時

グリーンビーチ

レッドビーチ１

タラワ環礁ベティオ島
1943年11月21日Ｄデイ＋１
1800時までの米海兵隊の制圧範囲の概況

ヘイズ少佐の第8海兵第1大隊はDデイ+1の0615時ごろ出撃線を後にしたが、上陸時に甚大な損害を出した。生存兵たちはジョーダン中佐の第2第2、カイル少佐の第2第1などに配属され、ホーキンスの偵察狙撃隊の残余と協同して、グリーンビーチのライアン隊との合流を試みた。

大桟橋はアメリカ軍の手に落ちると、補給物資、砲兵隊、増援部隊、弾薬の主要陸揚げ拠点になった。第2師団参謀長メリット・エドソン大佐は2030時にこの桟橋へ到着し、シャウプ大佐と交代した。

Dデイ+1午後に日本軍部隊がベティオ島と隣のバイリキ島間の砂州を渡っているのが確認された。レイモンド・マーレー中佐の第6第2はグリーンビーチのジョーンズ少佐の第6第1を支援する予定だったが、脱出路の遮断とタラワ環礁の残りの島々の掃討に向かった。

第6海兵連隊
第2大隊（R・マーレー中佐）
バイリキ島へ

レッドビーチ2

レッドビーチ3

'ジム'・クロウ少佐の第8第2、ルード少佐の第8第3およびカイル少佐の第2第1の残余は、バーンズ=フィルプ波止場から飛行場の主滑走路の北側までに不安定な前線を形成していた。日本軍が滑走路と誘導路を見渡せる各戦略地点に機銃を配置したため、その横断はほぼ自殺行為だった。

海兵隊の第2第1と第2第2所属の小部隊数個がDデイに飛行場の主滑走路を横断していた。大きな損害と糧食、水、弾薬の不足にもかかわらず、彼らは東西からの激しい敵の反撃に耐えていた。

敵の複合陣地拠点への進撃中、海兵隊員たちはずたずたにされた木々のあいだに身の隠し場所を見出していた。帰還兵の大多数が、ベティオ島の砂は直に横になるには我慢できないほど熱かったと証言している。(National Archives)

ココナツ材製の機銃座、大型コンクリート造トーチカである。この三つは相互を援護できるようになっていた。どれかひとつを攻撃しようとすれば、海兵隊は直ちに他の二つから射撃された。海兵隊は迫撃砲の一斉射撃を行なったが、その1発が偶然命中した。木造銃座内に積み上げられていた弾薬への1発が陣地全体を吹き飛ばし、炎と土砂とともに材木が宙に舞った。シャーマンの1輌が鋼製トーチカを至近距離から攻撃し、工兵隊が手榴弾とTNT爆薬で止めを刺した。

　コンクリート造トーチカはきわめて堅固な代物であることが判明した。この構造物を制圧するため、戦闘工兵隊は破壊爆弾や火焔放射器で1時間格闘した。最後に垂直な通気筒に手榴弾を落とし込んだところ、大勢の日本兵が飛び出してきたが、すぐに近くにいたスチュアート戦車からの掃射で大半がなぎ倒された。アレクサンダー・ボニーマン中尉が名誉勲章を死後授与されたのは、まさにこの作戦行動のためだった。

　これらの障害物が排除されると、クロウ隊はたちまち滑走路にまで到達し、ジョーンズの縦隊の左側面に合流した。"ポケット"と孤立した敵の小部隊を除けば、海兵隊は（あらゆる意味で事実上）ベティオ島の西側三分の二を制圧したのだった。ジュリアン・スミス少将はこの日の午前中にグリーンビーチに上陸していたが、短時間の視察ののちレッド2の指揮所へ移動し、エドソンとシャウプに合流した。

　死臭が島をすっかり覆っていた。数百もの遺体が倒れ、吹き飛ばされ、

D＋1にジョーンズの第6第1が前進を強いられたのはこのような土地だった。丸裸になったヤシ林、水がたまった巨大な砲弾孔、数十棟の木造建物が並ぶ光景はまるで月面だ。（National Archives）

ちぎれ、焼かれ、膨張し、むごたらしい光景を呈していた。珊瑚礁の海では最初の二日間に戦死した海兵隊員の死体が潮の干満につれて行きつ戻りつ漂いながら膨れ上がり、うだるような暑さの中、腐乱していった。遺体の処理が開始された。海兵隊員は臨時の墓に埋められたものの、日本兵はそれよりも略式な方法で処理された。ブルドーザーで塹壕や砲弾孔に埋められたり、南海岸で揚陸艇に積み込まれて海上へ投棄されたりした。

海兵隊は明らかに自決を図った日本兵も相当数目にした。敗北が避けられないのを悟ると、彼らは味方のトーチカに戻り、自らを撃った。多かったのは小銃の銃口を顎下に当て、足の親指で引き金を引く方法だった。

同夜の1930時ごろ、約50名の日本兵が静かに草むらから這い出し、第6第1の前線に探りを入れ始めた。ジョーンズが本部中隊の分遣隊と迫撃砲小隊を前進させると、まもなくナイフと銃剣を使った激しい白兵戦が起こった。1時間ほどのち、敵は退却した。

0300時、第二波のはるかに大規模な襲撃がしかけられた。鬨の声とともに陸戦隊が低木の茂みから突撃を開始し、手榴弾を投げ、小銃を撃ちまくった。「海兵隊は死ね！」「日本軍は海兵隊の血に餓えているぞ！」という雄叫びがあたりに響き渡り、数百人が大隊の正面へ突撃してきた。これが有名な"バンザイ"突撃で、やがて太平洋戦域各地の海兵隊にとっておなじみのものとなった。増援部隊の到着を防ぐため、駆逐艦シュローダーとシグズビーに飛行場東側地域への艦砲射撃が要請されたが、海兵隊員たち

は暗闇から突進してきた敵に刺され、斬られ、素手で襲われる悪夢にうなされた。

夜明けとともに大虐殺の全貌が明らかになった。第6第1の陣地のすぐ前方には200名以上の日本兵が死んでおり、その向こうにはさらに艦砲射撃で木っ端微塵になった125名が転がっていた。ジョーンズ隊の損害は173名で、うち戦死者は45名、残りが負傷者だった。敵のバンザイ総攻撃は失敗した。ベティオ島に残っていた日本軍の希望はもはやついえた。

左：埋葬班の仕事は無数の腐乱死体を処理するという気の滅入るものだった。（USMC）

下：レッドビーチ3後方の砂を盛られたトーチカと交戦した、"ジム"・クロウの第8第2および第8第3所属と思われる海兵隊部隊で、その制圧はアレクサンダー・ボニーマン中尉の勇敢な行動に負うところが多かった。（US Navy）

右および下：Dデイ以降も遺体は島中の海岸や、トーチカ・木造掩蔽壕のまわりで野ざらしになっていた。写真はその様子で、ルーズヴェルト大統領により公表が許可され、迫りくる全面戦争の恐怖をアメリカ一般社会に知らしめた。（左－US Navy、下－National Archives）

敗北が避けられないと悟ると、多くの日本兵が恥ずべき虜囚となるよりも自決を選んだ。ある者は小銃で自分を撃ち、足の親指を引き金にかけたままでいた。また屋外で死を選んだ者もいた。（左－National Archives、下左－USMC）

Dデイ＋3
D-DAY+3

　11月23日の陽射しが散乱する死体、ずたずたになったヤシ林、砲弾孔、トーチカの残骸に覆われた風景を照らし出すと、ケネス・マクラウドの第6第3はジョーンズ大隊を追い越し、ベティオ島守備隊の残存部隊と戦うため、失敗に終わった夜間のバンザイ突撃の凄惨な痕跡を尻目に島の"尻尾"をめざし前進を続けた。

　駆逐艦と艦載機が0700時から0730時まで同地域に猛攻撃を加えると、0800時にマクラウドは約270m前進した。左翼のL中隊と右翼のI中隊にはシャーマン戦車2輛とスチュアート戦車7輛が支援についていた。前方には塹壕と掩蔽壕と木造陣地の迷路が広がり、そこには決して降伏という道を選ばない日本兵約500名が配置についていると思われた。

同部隊が飛行場の滑走路の端から約90mを過ぎ、島をほとんど横切る対戦車溝に行きつくまで、抵抗はほとんどなかった。ここで一群の掩体壕と塹壕が行く手をさえぎったが、進撃の勢いがそがれるのを嫌ったマクラウドはI中隊と戦車数輌を掃討のために残置し、L中隊を引き連れてその地域を迂回した。

　あるトーチカでは敵が一斉に突撃してきたが、シャーマンが至近距離から放った75mm高性能榴弾の1発が50～75名とおぼしき日本兵をしとめた。そこからタカロンゴ岬までの約1,200mで海兵隊は475名前後の日本兵をわずか戦死者9名、負傷者25名で撃破した。1300時に汗まみれの海兵隊はベティオ島最遠端の砂州を踏みしめ、汚れきった顔を洗った。島の東半分はアメリカ軍に完全に掌握された。

　「あの辺には手ごわい守備隊は全然いなかった。砲兵隊は使わなかったし、艦砲射撃を要請したのも5分間だけだった。われわれはもっぱら火焔放射器を使っていた。中戦車は優秀だった。わたしの乗っていた軽戦車は一発も撃たなかった」とマクラウドは語った。11月23日午前中の時点で、まとまった規模の敵はポケットの守備隊だけだった。決死の砲兵たちはレッドビーチ1と2の境の強力な掩蔽陣地に立てこもり続けていた。

　彼らはすでに三日間にわたる熾烈な攻撃に耐えぬき、間違いなく日本軍守備隊のどの部隊よりも海兵隊に大きな損害を与えていた。シャウプの計画により、火焔放射器隊と戦闘工兵隊に支援されたヘイズの第8第1が東側から攻撃を実施した。自分の大隊と再合流を果たしたショッテル少佐は、ヘイズ隊と合流して敵を完全包囲するため、ちょうどそのとき隷下の第2第3を飛行場の西で方向転換させていた。使える戦車の大半がベティオ島の東端で戦闘中だったため、近接火力支援はほとんどハーフトラックが行なった。ポケットの守備隊の主武装は海側に面していたので、ヘイズは2台のハーフトラックと1個歩兵小隊を浅瀬に向かわせ側面を衝いた。その75mm砲が複合防御施設を近距離から砲撃し、火焔放射器と破壊爆弾を装備した歩兵隊が決死の攻撃を敢行したため、ついに守備隊は倒された。海岸を睥睨する難攻不落と思われた巨大なコンクリート造トーチカは1000

ベティオ島の"尻尾"を進撃していたマクラウド隊が遭遇したタイプの敵掩蔽壕を調査する海兵隊の一団。迷彩の上衣とヘルメットカバーはこの時期の主流で、標準式の"782型装備"は身につけず、小銃と手榴弾だけのスタイルが好まれた。(National Archives)

イラストはDデイ＋2の22日夜、飛行場東端にいたジョーンズ少佐麾下の第6海兵に、敗北を悟った日本軍がバンザイ攻撃をしかけてきた場面。ジョーンズは艦砲射撃と砲兵隊の援護を要請し、照明弾の不気味な明かりのもと、海兵隊は銃剣、ナイフ、シャベルなどを使ってほとんど見えない敵を相手に激しい白兵戦を展開した。

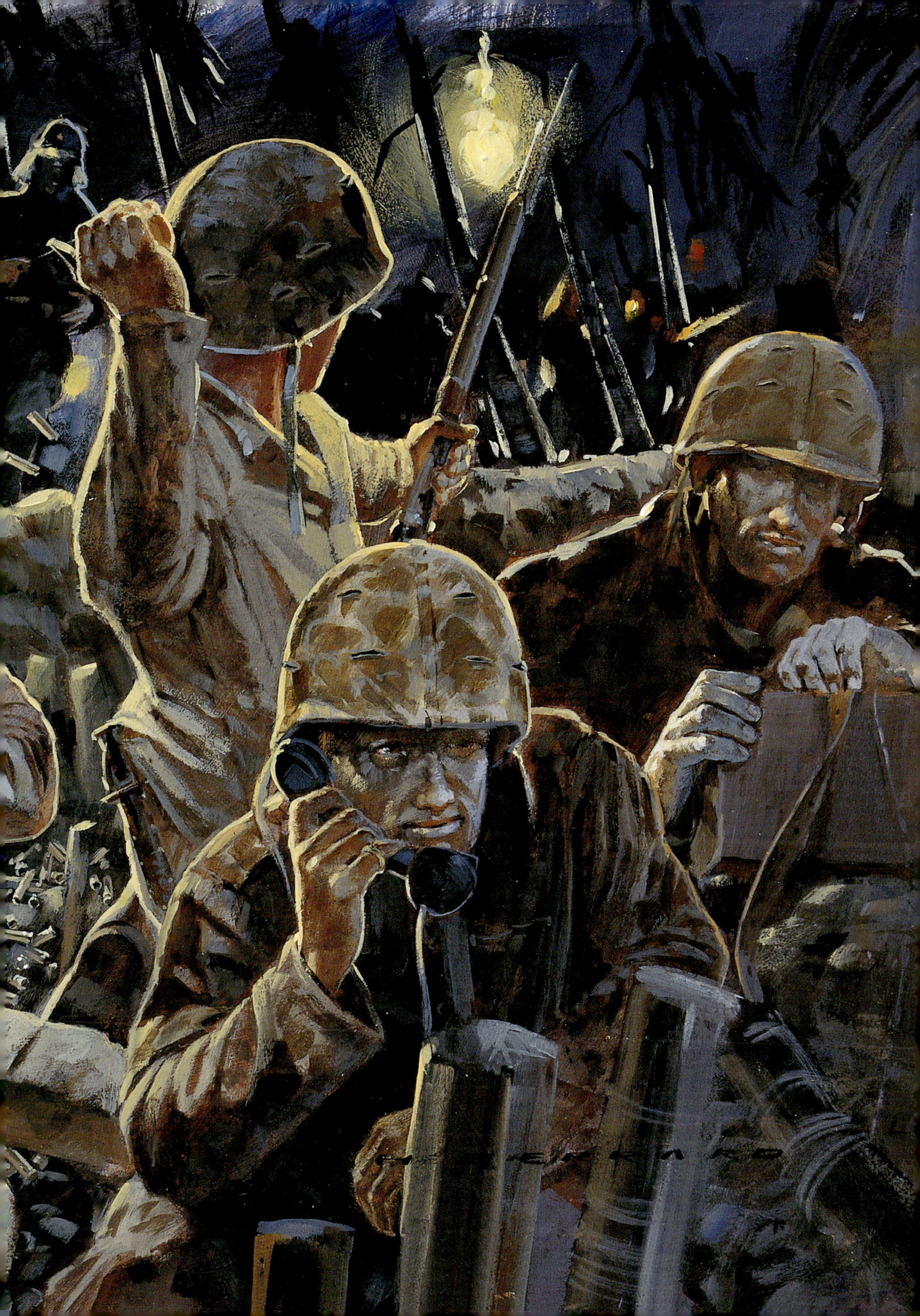

ベティオ島の東端部で、陸地も浅瀬も砲弾クレーターで埋め尽くされている。手前の対戦車溝は海岸から海岸まで伸び、島の端にも別の1本が見える。マクラウド隊が500名近くの敵を倒したのはこの地域だった。（US Navy）

時ごろようやく陥落したが、それは実質的な抵抗の終焉のように思われた。ショッテル隊の先鋒隊とヘイズ隊は飛行場北の護岸の近くで合流し、守備隊の残余を片付けるために北へ転じた。降伏したのはわずかで、大多数が煙の立ち上る瓦礫の中で自決し、1300時にシャウプはジュリアン・スミスにポケットは完全に陥落したと告げることができた。

ベティオ島の敵の抵抗が終息したという知らせがインディアナポリスのハリー・ヒルとレイモンド・スプルーアンス、マキン島のホランド・スミスとケリー・ターナーに打電された。もちろんこれは日本軍守備隊の全員が戦死ないし捕虜になったという意味ではなかった。掃討作戦は幾日も続き、海兵隊は焼かれて破壊されたトーチカや掩蔽壕をすべて調査したのだった。

11月24日正午、マキン島から到着したジュリアン・スミスとホランド・スミスは簡素な国旗掲揚式を目にした。二本のぼろぼろになったヤシの木に掲げられた星条旗とユニオンジャックは、タラワ島のイギリス帰属を示していた。

その後ニミッツ提督がベティオ島を訪れたが、月面のような焦土を案内され、大虐殺の跡を目撃した彼は、太平洋を突破する"飛び石"作戦の行く末を見極めたに違いない。

あとはタラワ環礁の残りの島の掃討だけだった。かなりの数の敵兵が同島の東端から砂州を渡渉するか泳ぐかして、東や北に連なる何十もの小島に逃げ込んだことがわかっていた。

引き潮（カー・イービー画）
イービーがベティオ島を訪れたころ、戦いはほとんど終結していたが、ある上陸地点で彼はこの光景を目にした。「涙があふれてきた」と、のちに彼はタイム／ライフ誌の従軍記者ロバート・シェロッドに語った。

　レイモンド・マーレー中佐の第6海兵第2大隊がこれらの部隊を追撃することになっていたが、予備的な偵察はすでに始まっていた。
　11月21日にジョン・ネルソン大尉指揮下の軽戦車大隊D（偵察）中隊からの分遣隊が環礁の南東端のエイタ島とブオタ島に上陸したが、ここには無線基地が1ヵ所あった。その他の部隊は東側のタビテウエア村の北に上陸した。
　マーレー中佐の大隊は11月24日0500時にベティオ島で揚陸艇に乗船し、ブオタ島へ向かった。これは環礁の東側を最北端の小島ナアまで北上する追跡行の始まりだった。マーレー麾下の第6海兵連隊の情報部門に所属していたハーバート・デイトン一等兵はベティオ桟橋の突端から揚陸艇へ乗った兵士のうちのひとりだった。彼によれば、干潮時に漂っている何十もの腐乱死体のあいだを渡渉したくなかったため、兵士たちは浜辺から出発するのを嫌がったという。「わたしたちは珊瑚礁をブオタへ向かい、島から島へと行軍した。ジャップには出会わなかったが、村人たちはやつらはすぐ先にいると言っていた。
　「いつも喉はからからで、水が不足していたが、毒が入れられている可能性があるで地元の村に井戸があっても飲むなと命令されていた。引き潮のときは島から島へ歩けたが、そうでないときは水深はまちまちで、場所によっては渡れないところもあった。わたしたちはジャップを追って、環礁

海兵隊制圧範囲、1943年11月21日1800時

をはるばると最後からひとつ手前の島、ブアリキまで行った」

マーレーはE中隊から斥候隊を出し、残りは夜に備えて塹壕に入った。斥候隊は敵と短時間衝突し、逃げられるまでに3名を倒した。夜が明けるとすぐに大隊の残りは前進し、その後の激しい戦いで175名の日本兵が戦死した。海兵隊の損害は少なくなかった。戦死が32名で、負傷が59名だった。

11月27日朝、軍艦と艦載機がナア島を20分間ほど攻撃すると、マーレーは斥候隊を出した。彼らが発見したのは吹き飛ばされた建物だけだった。彼らの任務は終了し、同大隊は休暇と再編のため、南のエイタ島へ向けて出航した。タラワの戦いは完全に終結した。

ガルヴァニック作戦に含まれるマキンとアパママという二つの環礁への侵攻作戦には、戦闘の全体像が了承されるまで検討が必要だった。第50-2任務グループ──艦隊空母エンタープライズ、軽空母ベローウッド、リスコームベイ、

海兵隊制圧範囲、1943年11月22〜23日

（地図中の注記・凡例）

凡例:
- 水際障害物
- 対戦車壕
- 総司令部
- 200mm砲台
- 140mm砲台
- 127mm連装砲
- 80-75-37mm砲
- 70mm榴弾砲
- 70mm高射砲
- 13mm機銃
- 13mm連装機銃

0　500 yds
0　500 m

地図上の記載：
- 第6海兵連隊第3大隊 K・マクラウド中佐（D+2, 1100時ごろ）
- 3 / 6th Marines Lt Col K McLeod (by approx 1100hrs D+2)
- レッド1　レッド2　レッド3
- グリーンビーチ
- 第8連隊第1大隊
- 第8連隊第3大隊
- 第8連隊第2大隊
- 総司令部
- 第2連隊第1大隊
- 第2連隊第2大隊
- 第2連隊第3大隊
- 第6連隊第1大隊
- 第6連隊第3大隊
- 第6連隊第1大隊
- D+2の海兵隊制圧範囲
- テマキン岬
- D+2：1100時ごろ、第6第1、第2第1と合流
- D+2午後、第3、第2第2を追い越す
- D+2/3夜、日本軍逆襲
- D+3：1300時、第6第3、第6第1を追い越しタカロンゴ岬へ

モンテレー、戦艦ペンシルヴェニア、ノースカロライナ、インディアナ、さらに6隻の駆逐艦——がマキン攻撃軍の主力だった。艦隊空母レキシントン、ヨークタウン、軽空母カウペンスに3隻の戦艦と6隻の駆逐艦からなるC・A・パウナル少将麾下の第50-1任務グループは、日本海軍のトラック島からのあらゆる妨害を迎撃するために待機していた。

マキン島上陸部隊はアメリカ陸軍で編成され、ラルフ・スミス少将麾下の第27師団第165歩兵連隊所属の2個大隊があてられた。彼らは全長約10キロの島に海側から侵攻し、同日中に遅れて第3大隊が珊瑚礁側から上陸して支援することになった。

ホランド・スミス少将は陸軍の参加についてレイモンド・スプルーアンスに疑念を述べたが、それは却下された。6,500名の陸軍部隊が約800名の日本軍守備隊を攻撃すると聞いた第5軍団の司令は、作戦には一日もあれば充分だろうと予想した。ベティオ島とはまったく対照的に、マキン島で陸軍部隊は事実上の無血上陸をした。敵は約3km内陸に潜伏し、アメリカ軍をおびき寄せようとしていた。1040時に第3大隊が珊瑚礁側から上陸したが、やはり反撃はほとんどなく、3個の部隊は合流し、日本軍守備隊の根拠地へと前進した。ここで攻撃の勢いが滞った。

実戦経験が皆無だった第165歩兵連隊は、長期間つとめていたハワイ守備隊勤務の調子がなかなか抜けなかった。物事が順調なときでさえ短気だったホランド・スミスは、上陸海岸の様子を視察に来たところ、置きっぱなしの戦車や、ぶらぶら歩きながら命令を待っている兵士たちを見て仰天した。

彼はラルフ・スミスの指揮所に到着すると、島の北部では激しい戦闘が継続中だと告げられた。彼はジープを1台徴発すると、その"戦場"へと走ったが、そこは彼の言葉によれば「日曜日のウォール街のように静かだった」マキン島の制圧にはさらに三日間を要した。

左：ベティオ島で捕虜は珍しく、褌一丁に剥かれたこの士官は例外的。Dデイの地獄のような渡渉上陸の様子を記したボブ・リビーはこの写真の撮影時、数メートル後ろに立っていたという。(National Archives)

夏の真っ盛りにあたり、赤道からわずか125キロしか離れていなかったベティオ島の暑さは溶鉱炉のようだった。写真の海兵隊員にはガスマスク姿の者もいるが、これは遺体の腐敗臭対策。(National Archives)

　この事件をきっかけに始まった海兵隊と陸軍との深刻な確執は、終戦後までも続いたのだった。1944年6月のサイパンの戦いでラルフ・スミスの部隊が両側面にいた海兵隊の進撃速度に追いつけなかった際、ホランド・スミスは"積極性の欠如"を理由に彼を解任した。その余波は遠くペンタゴンにまで及び、その結果ホランド・スミスの軍歴は危機を迎えた。硫黄島で彼は第56任務部隊（遠征軍）の司令官だったが、それは名目上だけだった。実際に戦場で指揮をとっていたのはハリー・シュミット少将だった。沖縄でも彼の不在は目立っていたが、極めつけの仕打ちは終戦時、ニミッツ提督によって東京湾のUSSミズーリ艦上における降伏文書署名式への招待を取り消されたことだった。当時、彼は気にしていないと公言していたが、彼はこれをずっと海兵隊に対する侮辱だと考えていた。

　作戦の北部方面で最大の損害を出したのは、軽空母USSリスコームベイを撃沈された海軍だった。日本海軍の潜水艦イ175は当時この海域で活動していたが、11月24日はリスコームベイを確実に仕留めるべく追尾中だった。0600時に同空母は総員配置をとり、艦載機を早朝攻撃に発進させるため風上の北西へ回頭した。この回頭により同空母はイ175の軸線上に横腹をさらしてしまい、同潜から強力な"酸素魚雷"3発が発射された。

　少なくとも1発の魚雷が爆弾庫に命中し、全爆弾が同時に誘爆、艦尾全体が吹き飛んだ。発生した火災で燃料タンクが爆発したリスコームベイは燃え盛る焦熱地獄と化し、23分以内に沈没した。同空母の後方1海里を航行していた戦艦ニューメキシコには残骸、外板、航空機の部品、肉片のおぞましい塊が降りそそいだ。この惨劇で艦長ヘンリー・マリネクス少将以下644名が戦死した（マキン島侵攻で陸軍が出した犠牲者の十倍以上）。

マキン島のレッドビーチからジャングルへ突入しようとする第165歩兵連隊第1大隊の兵士たち。(National Archives)

皮肉なことに、もし陸軍がホランド・スミスの予想通り一日でマキン島を占領していれば、リスコムベイは11月24日には確実にハワイへの帰路にあったはずだった。

駆逐艦隊がイ175を捕捉しようとその海域をしらみつぶしに捜索したが失敗に終わり、北部作戦で最大の損害を与えた同潜は脱出に成功した。タラワの南東約120kmに浮かぶ小島アパママには日本軍守備隊は少数しかいなかったので、海兵隊はその状況を探るため、第5水陸両用戦軍団偵察中隊から78名の分遣隊を派遣した。ハワイで海兵隊員たちは15ヵ月前にカールソン指揮下の強襲レンジャー隊をマキン島へ運んだ2隻の潜水艦のうちの1隻、USSノーチラスに乗艦した。ベティオ島の南海岸で米駆逐艦に誤射されるも、からくも逃れた同潜は、かつて作家ロバート・ルイス・スティーヴンソンが暮らした島、アパママに到着した。

海兵隊はゴムボートで上陸し、環礁を構成する六つの小島に沿って進撃し、途中遭遇した3名編成の日本軍斥候隊のうち1名を射殺した。地元民から守備隊の主力約25名は隣の島にいると聞き、ノーチラスは敵の戦力をそぐため、備砲で艦砲射撃をした。

翌11月25日朝、同島は完全に静寂につつまれ、地元民は海兵隊に敵守備隊は全員が死んだと告げた。まるで漫画の物語のような奇妙な話だが、日本軍の隊長は部下への訓示中にピストルが暴発して死んでしまった。うろたえた兵士たちは指揮官なしではどうすればいいかわからなくなり、自分の墓穴を掘ってから銃で自決したという。海兵隊員たちはその墓を埋めるためにとどまった。

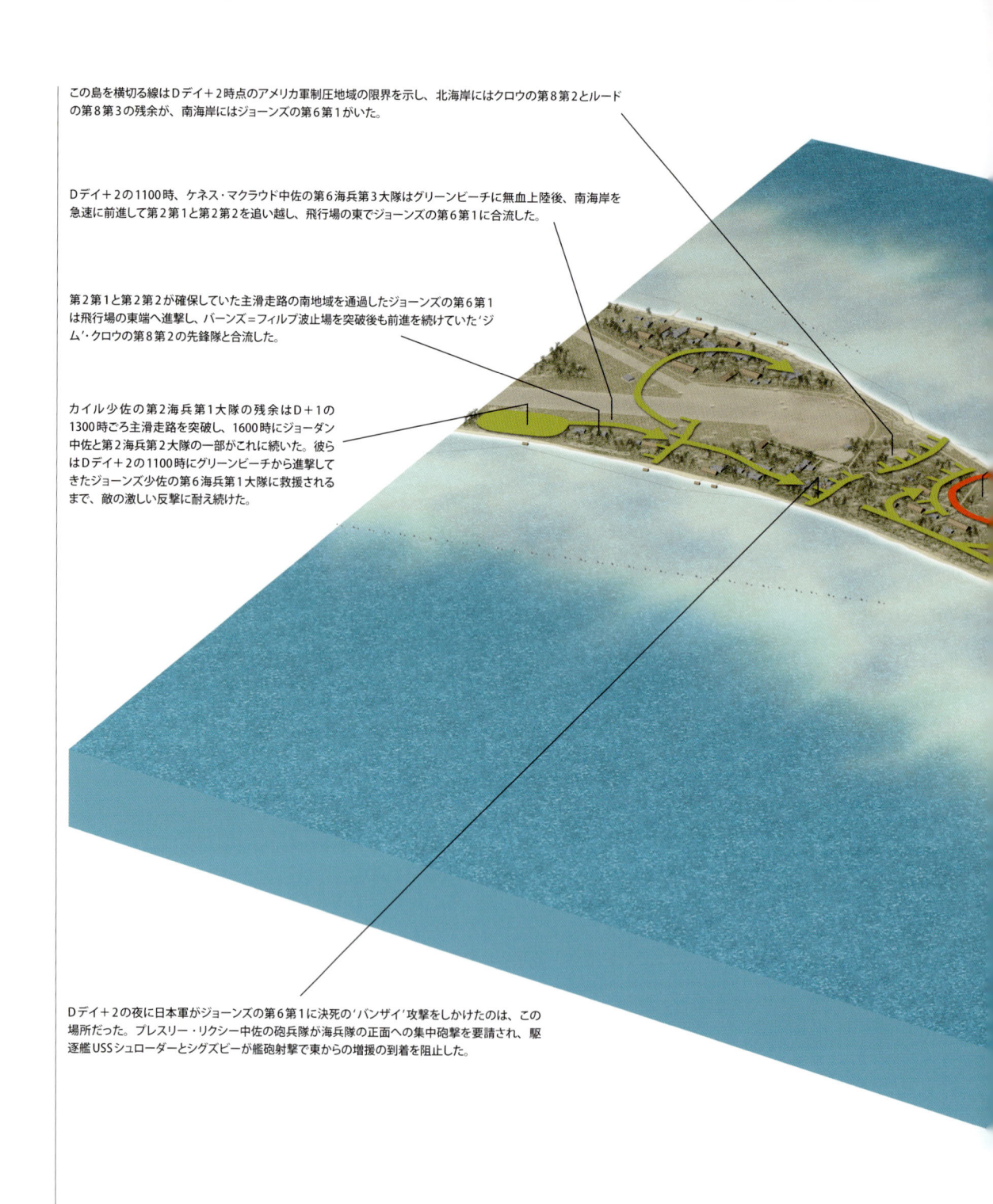

この島を横切る線はDデイ＋2時点のアメリカ軍制圧地域の限界を示し、北海岸にはクロウの第8第2とルードの第8第3の残余が、南海岸にはジョーンズの第6第1がいた。

Dデイ＋2の1100時、ケネス・マクラウド中佐の第6海兵第3大隊はグリーンビーチに無血上陸後、南海岸を急速に前進して第2第1と第2第2を追い越し、飛行場の東でジョーンズの第6第1に合流した。

第2第1と第2第2が確保していた主滑走路の南地域を通過したジョーンズの第6第1は飛行場の東端へ進撃し、バーンズ＝フィルブ波止場を突破後も前進を続けていた'ジム'・クロウの第8第2の先鋒隊と合流した。

カイル少佐の第2海兵第1大隊の残余はD＋1の1300時ごろ主滑走路を突破し、1600時にジョーダン中佐と第2海兵第2大隊の一部がこれに続いた。彼らはDデイ＋2の1100時にグリーンビーチから進撃してきたジョーンズ少佐の第6海兵第1大隊に救援されるまで、敵の激しい反撃に耐え続けた。

Dデイ＋2の夜に日本軍がジョーンズの第6第1に決死の'バンザイ'攻撃をしかけたのは、この場所だった。プレスリー・リクシー中佐の砲兵隊が海兵隊の正面への集中砲撃を要請され、駆逐艦USSシュローダーとシグズビーが艦砲射撃で東からの増援の到着を阻止した。

戦闘
タラワ環礁ベティオ島
1943年11月23日Dデイ＋3

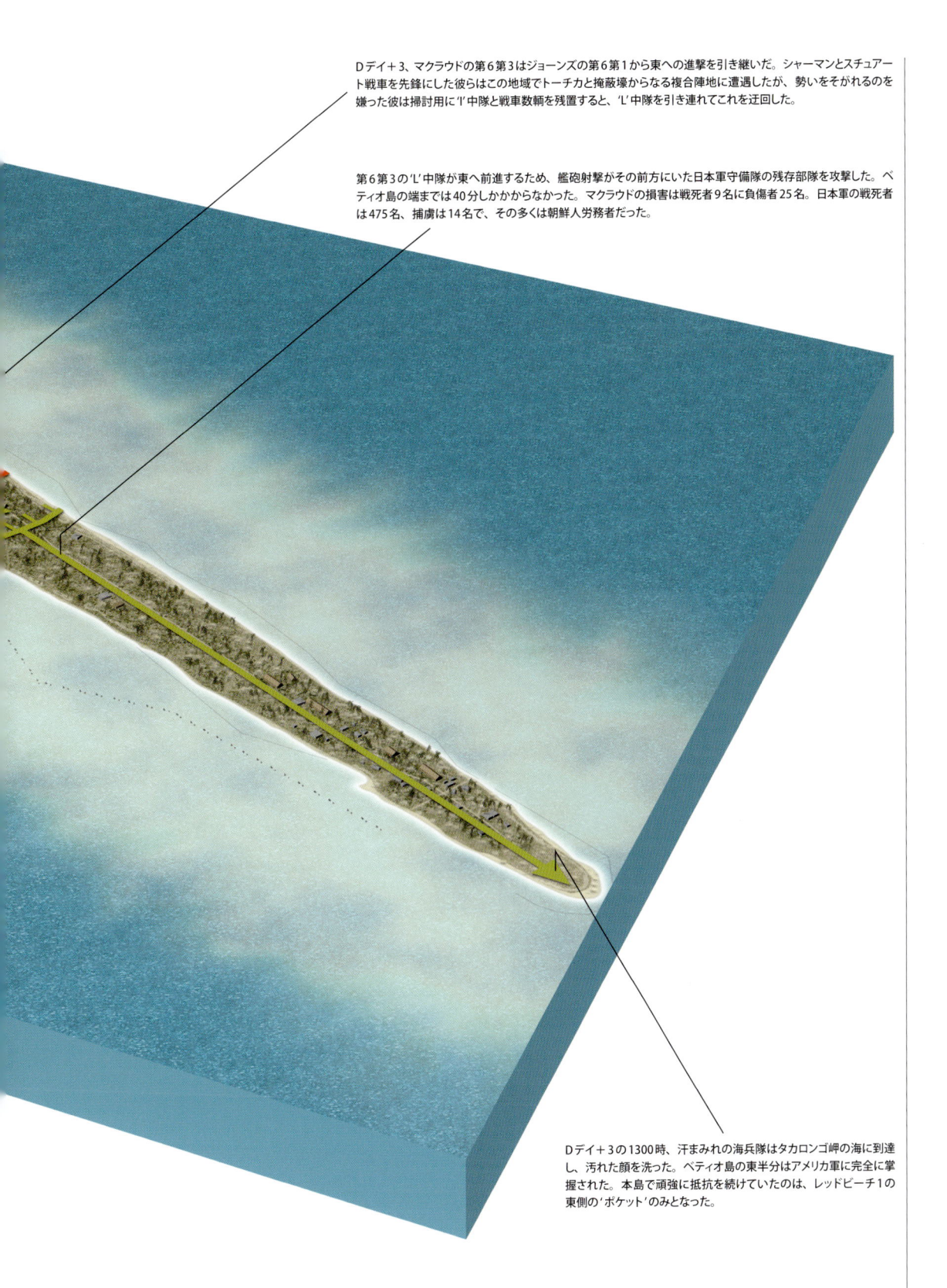

Dデイ＋3、マクラウドの第6第3はジョーンズの第6第1から東への進撃を引き継いだ。シャーマンとスチュアート戦車を先鋒にした彼らはこの地域でトーチカと掩蔽壕からなる複合陣地に遭遇したが、勢いをそがれるのを嫌った彼は掃討用に'I'中隊と戦車数輌を残置すると、'L'中隊を引き連れてこれを迂回した。

第6第3の'L'中隊が東へ前進するため、艦砲射撃がその前方にいた日本軍守備隊の残存部隊を攻撃した。ベティオ島の端までは40分しかかからなかった。マクラウドの損害は戦死者9名に負傷者25名。日本軍の戦死者は475名、捕虜は14名で、その多くは朝鮮人労務者だった。

Dデイ＋3の1300時、汗まみれの海兵隊はタカロンゴ岬の海に到達し、汚れた顔を洗った。ベティオ島の東半分はアメリカ軍に完全に掌握された。本島で頑強に抵抗を続けていたのは、レッドビーチ1の東側の'ポケット'のみとなった。

マキン環礁ブタリタリ島のレッドビーチにあった対戦車溝のまわりで、日本兵の死体を検分する第165歩兵連隊第3大隊の兵士たち。(National Archives)

完全制圧後、"お偉いさん"たちが防衛体制の視察のためベティオ島に到着した。写真はジュリアン・スミス（前）とリチャードソン大将（庇帽）を先頭に、メリット・エドソンを含む将校の一団を引き連れたニミッツ提督（中央）。(National Archives)

その後
AFTERMATH

　戦闘の終結後、第2および第8海兵連隊はほとんど間をおかずにハワイへ出航した。比較的消耗の少なかった第6海兵連隊は12月4日に海軍に引き継がれるまで本諸島に守備隊としてとどまった。ハワイの太平洋艦隊司令長官総司令部では直ちに"査問会"が開かれ──続く1944年2月初めのマーシャル諸島への上陸作戦が練られたが、タラワでの戦訓をすみやかに分析して反映する必要があった。スプルーアンス提督は、第2師団の指揮官たちやハリー・ヒルの艦隊班の意見を熱心に知りたがった。彼らはガルヴァニック作戦の欠点と思われた点を忌憚なく彼に伝えた。

　戦艦は通信センターには不適であるという点は全員が一致した。メリーランドの16インチ砲の最初の斉射のせいで海陸間の無線通信は事実上途絶してしまい、背負い式無線機は防水対策が不充分だった。プラス面としては、アムトラックがタラワで真価を発揮したことがあった。もっと台数があれば初日の甚大な損害の大部分が避けられた可能性もあった。"ガルヴァニック"以後、太平洋における上陸侵攻作戦では幾波ものアムトラック隊が必ず先陣に立っていた。より武装と装甲を強化し、高出力のエンジンを搭載したアムトラックは、1945年の沖縄戦までいつも"飛び石"侵攻作戦の先鋒をつとめたのだった。

戦闘の終結後、輸送船へ行進する海兵隊。

レッドビーチ1の砲弾孔のあいだでハワイへの出航を前にのんびりと装備を整理する海兵隊員たち。だがその途中で多くの負傷兵が息を引き取り、水葬にされたため、ほとんどの兵士がこの航海を陰鬱だったと記憶している。(National Archives)

　あれほど大規模で継続的だったにもかかわらず、ベティオ島での艦砲射撃には多くの問題点が指摘された。海軍の最大限の攻撃後でも、海兵隊は数十もの無傷のトーチカ、掩蔽壕、掩体陣地と対峙しなければならなかった。島に猛烈な重砲撃を加えれば日本軍の防御体制は自動的に崩壊するという予想は甘かったことが判明した。
　他にも問題点が明らかにされていった。ゴムボートの使用は論外だった。航空攻撃との連携にも疑問点が列挙された。飲料水汚染の件については全員が不満を述べた。しかしそれらのすべてを圧倒したのが潮位の問題だった。海兵隊の損害の約50％が、ベティオ島を囲む珊瑚礁から腰まで海に漬かって渡渉上陸を試みた兵士で占められていた。もっと多くのアムトラックがあれば状況は異なったかもしれないが、ホランド少佐の警告を無視した判断に弁解の余地はなかった。ホランドのアドバイスよりも計画の予定時刻を優先してしまった作戦立案者たちの過ちが、この戦いで最も高い代償についたのだった。"ハンサム・ハリー"・ヒルはホランド・スミス、ジュリアン・スミス、ケリー・ターナー、スプルーアンス、ニミッツが出席し、戦闘の全段階を徹底的に検討した10月12日の会議を思い起こした。「潮位の問題が多少検討されたのは確かですが、逃げ潮が引き起こすかもしれない深刻な結果については全員が無関心だったではありませんか」と彼は言った。
　日本軍は善戦したが、それは柴崎提督が戦死して指揮系統が崩壊するまでだった。海兵隊は到着するにつれ、堅固に構築された絶妙な配置の防御施設のせいで深刻な損害を被った。提督が生きていれば、11月20日の夜

島の占領後、建設大隊（シービーズ）がベティオ飛行場を直ちに修復し、海軍の艦載機が利用できるようにした。写真は敵機［零戦21型］の残骸の後方に着陸しようとするヘルキャット戦闘機。(National Archives)

に北海岸に不安定な足場しかなかった海兵隊に対して大規模な逆襲が実施されたことはまず間違いなかった。

　近眼で馬鹿で出っ歯でチビという日本軍戦闘員のイメージ──1941年以来、ハリウッド製戦争映画が延々と描き続けてきた──は、タラワで跡形もなく吹き飛ばされた。珊瑚礁の海に漂う何十もの海兵隊員の死体が写った場面が続くニュース映画は、アメリカ一般社会に衝撃を与え、全面戦争の真実の恐怖を知らしめたのだった。

　ベティオ島の戦いでは4個の名誉勲章が授与されたが、うち3個は死後授与だった。それ以外にも傑出した功績として、ライアン少佐によるD＋1デイのグリーンビーチ確保とレッドビーチ1での上陸生存兵の組織化が高く評価された。振り返ってみればグリーンビーチの確保はこの戦いの形勢を海兵隊側に決定的に有利にした最大の要因であり、ライアンが海軍勲功章を受章したのも当然だった。

　多くのミスと手抜かりがあったにもかかわらず、76時間にわたる太平洋戦争で最も激しい戦闘は勝利され、ここ数年間落ち込んでいたアメリカ人の戦意を高揚させた。ある新聞の見出しにはこうあった。「先週、約2,000〜3,000名のアメリカ海兵隊員──その多くは現在戦死または負傷──が、この国にコンコード橋、ボノム・リシャール、アラモ、ベローの森に比するべき名を加えた──その名はタラワである。

名誉勲章受賞者
MEDAL OF HONOR WINNERS

　名誉勲章（誤って連邦議会名誉勲章と呼ばれることもある）はアメリカで最高位の軍功章であり、タラワでは以下の戦闘員に授与された。

ウィリアム・J・ボーデロン二等軍曹
Staff Sergeant William J. Bordelon

　第18海兵連隊（工兵）第1大隊所属のボーデロンは、テキサス州サンアントニオ出身で、Dデイの戦闘で戦死した。
　彼の指揮官はこう報告している。「ボーデロン二等軍曹とビアーズ三等軍曹は、分隊員らとともにF中隊に配属され、作戦通り桟橋の約114m西方のレッドビーチ2に上陸した。彼らのLVTは敵40mm砲1門と重機関銃1門の14m手前で停止し、多数の死傷者を出した。ノリス大尉、ボーデロン、ビアーズ、アッシュワース二等兵は、ビアーズの負傷後、浜に到着した。ボーデロンは4度被弾し、しかも手を雷管の早期激発で負傷していた。彼は治療を拒否し、敵陣地4ヵ所の無力化に成功した。彼は4ヵ所目の攻撃中に戦死した。
　1995年、ボーデロンの遺族は彼の遺骸をホノルルの太平洋国立戦没将兵墓地からフォート・サム・ヒューストン国立墓地へ移したが、埋葬に先立ち、国旗に包まれた彼の棺をサンアントニオのアラモに正装安置されるという特例的な名誉に浴した。

ウィリアム・J・ボーデロン二等軍曹。Dデイの破壊的な砲火の中を上陸し、3ヵ所の敵トーチカを攻撃して撃破したものの、4ヵ所目の攻撃中に戦死した。（USMC）

アレクサンダー・ボニーマン中尉
1st Lieutenant Alexander Bonnyman

　バーンズ＝フィルプ波止場の近くには200人ほどの日本兵が守備する砂に覆われたコンクリート造トーチカがあり、海兵隊の進撃を阻んだ。第18海兵連隊第2小隊の副隊長で、ガダルカナル戦の勇士だった彼に率いられた歩兵たちは、爆薬と火焔放射器を手にトーチカの西側へ駆け上った。彼らは敵機銃座の要員を射殺し、2ヵ所の入口でTNT爆薬を点火した。日本軍は反対側から即座に反撃したが、ボニーマンは至近距離にとどまり、戦死するまで敵が頂上に来るのを阻止した。
　当時30歳で家庭を持っていた彼は、希望すれば軍務を免除されたが、海兵隊に二等兵として入隊する道を選び、ガルヴァニック作戦までに実戦を通じて目覚しい昇進を遂げていた。

アレクサンダー・ボニーマン・ジュニア中尉はレッドビーチ2の後方にあった砂で覆われた大型トーチカの攻撃中に戦死した。（USMC）

ウィリアム・ディーン・ホーキンス中尉
1st Lieutenant William Deane Hawkins

　生まれこそカンザス州だったが、ホーキンスはその生涯の大部分をテキサス州エルパソで過ごした。彼は陸軍か陸軍航空隊に入隊しようとした

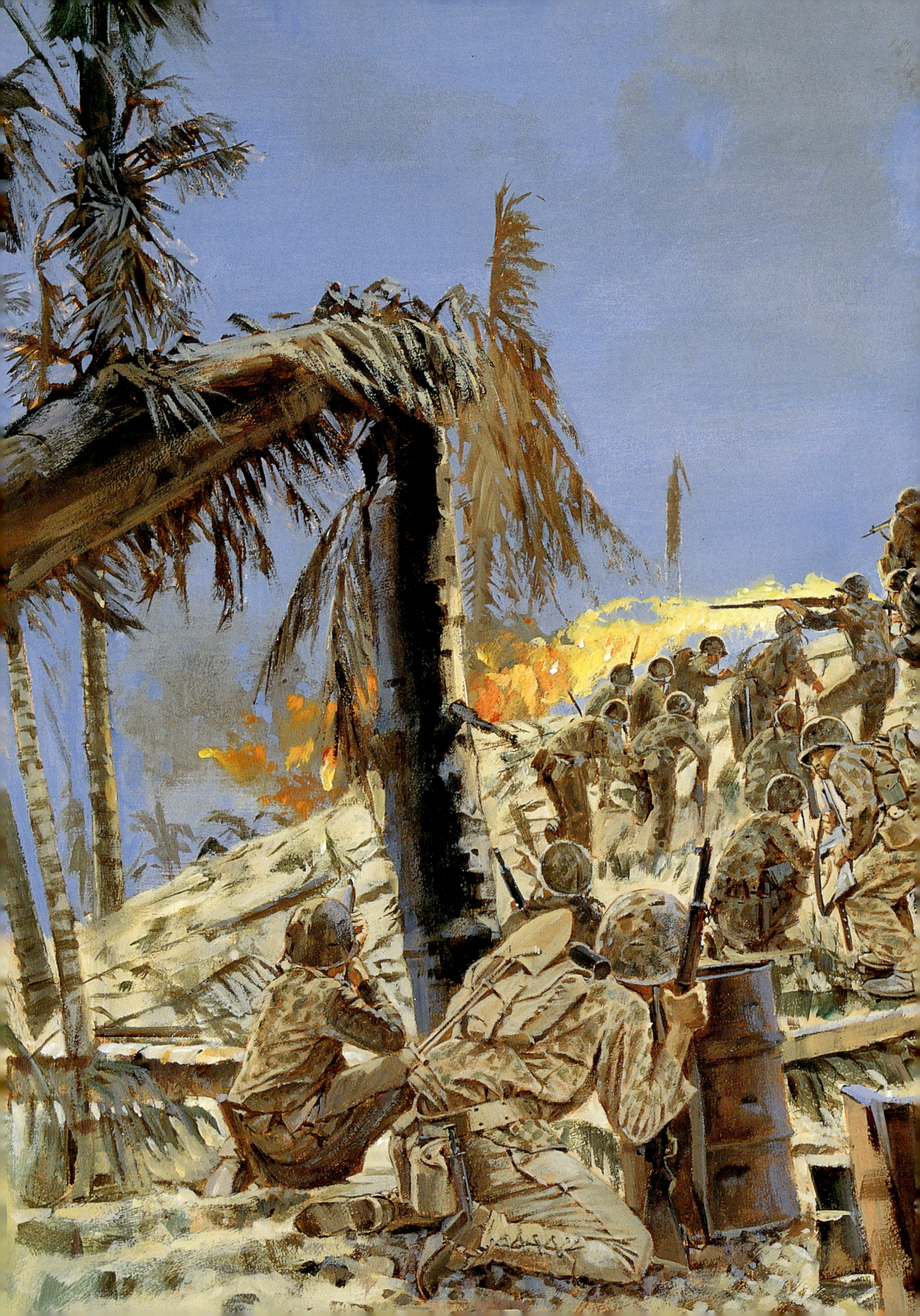

バーンズ＝フィリプ波止場の近くに200名ほどの日本兵が守備する砂で覆われたコンクリート造トーチカがあり、海兵隊のベティオ島東部への進撃を阻んでいた。イラストは第18海兵連隊第2小隊のアレクサンダー・ボニーマン中尉率いる歩兵隊と工兵隊がトーチカの西側に駆け上り、火焔放射器と小火器で敵機銃座を無力化し、頂上から敵を追い落とすところ。その勇敢な行為により、彼は名誉勲章を死後授与された。（85頁参照）

が、子供のころ事故で胴体に受けた傷のせいでそれは叶わなかった。結局彼は1941年にアメリカ海兵隊に入隊し、ガダルカナルでの実戦でその目覚しい昇進は頂点を極めた。タラワで彼は兵力36名の偵察狙撃小隊を指揮していたが、その任務はDデイにアムトラックの第一波よりも先に上陸し、レッドビーチ1と2の境界にある大桟橋から敵を駆逐することだった。これは熾烈な戦闘ののち達成され、その後も彼は小隊の指揮を続け、飛行場周辺の敵拠点へ攻撃を継続した。迫撃砲弾により隊員3名が戦死した際、彼も手を負傷した。

　治療を拒否した彼は、その後も敵陣地攻撃の指揮をとり続けたが、機銃の斉射が胸と肩に命中し、同日中に野戦病院で死亡した。

デヴィッド・M・シャウプ大佐
Colonel David M. Shoup

　インディアナ州バトルグラウンドに生まれたシャウプは、唯一の名誉勲章生前受章者だった。第2師団の作戦士官として彼は数多くの作戦を策定していたが、マーシャル大佐が病に倒れたため、自分自身が立案した計画を実施することになった。

　Dデイの上陸時に脚を負傷したものの、彼は指揮所を海岸の近くに確立し、エドソン大佐に交代されるまで部隊を組織し、戦闘を指揮し続けた。彼は戦闘の終結までエドソンのもとにとどまり、作戦の実施を補佐し続けた。

　エドソンをはじめとする上級士官には、所定の任務内であるとして最高位の顕彰に賛成しなかった者もいた。1959年に彼はアメリカ海兵隊総司令官になり、1963年に退役した。彼は1983年に78歳で死去し、アーリントン国立墓地に葬られた。

ウィリアム・ディーン・ホーキンス中尉はDデイに桟橋を制圧したのち、敵機関銃陣地の攻撃中に戦死した。（USMC）

今日の戦場
THE BATTLEFIELD TODAY

　オーストラリアとハワイのどちらからも2,000kmほど離れたタラワを訪れるのは、どんなに熱心な戦場巡礼ファンにとっても長くて大変な旅である。現在はキリバス共和国の一部であるギルバート諸島は、飛行機でハワイからクリスマス島経由か、オーストラリアからナウル島（ヤウル）経由で向かうのが一般的である。

　1943年11月に海兵隊が立ち去ったとき、ベティオ島は1平方マイルほどの土地に数千もの遺体が葬られ、クレーター、根だけになったヤシ林、残骸だらけの浜辺という"月面"さながらの状態で、戻ってきた地元民たちは変わり果てた故郷の様子に目を疑った。

　1993年、第2海兵師団の帰還兵たちが同島を再訪問したが、そのとき目を疑ったのは彼らの方だった。緑が鬱蒼と茂った島には、戦いの最盛期と同じぐらいの人口があふれ、現代文明の虚飾—いくつものホテル、バー、商店、1軒の映画館も出現していた。

　海兵隊の恐怖と勝利の日々の遺構でまだ残っているものもあった。海軍の16インチ（406mm）砲の砲弾にも耐えた柴崎提督の巨大なコンクリート造トーチカは、今は某氏の裏庭の点景になっている。数年前にこれを博物館に改装しようという計画もあったが、実現しなかった。ボニーマン中尉が名誉勲章を受章することになったトーチカは島の警察署の裏にある。そ

タカロンゴ岬近くの赤錆びた鋼板製指揮所。この二階建ての構造物は本来二重装甲で、その間隙には砂が充填され、上部に旋回式のキューポラが設置されていた。（Jim Moran）

戦いから50年が経過し、これらの写真が撮られたとき、ベティオ島は豊かな緑に覆われていた。写真はグリーンビーチを西から見たところで、入り江はすでに大部分が埋め立てられ、新しいコンクリート造桟橋が左に見える。（Jim Moran）

してテマキン岬には今や製造後100年を経た203mmヴィッカース砲が、相変わらず広大な太平洋を厳めしく睥睨している。

　木造桟橋は腐った支柱の基部がいくつか残るだけで、より短いコンクリート製のものが脇に作られている。レッドビーチ1の入り江は大部分が埋め立てられた。ぶらりと歩けばアムトラック、対舟艇砲、鋼板製指揮所の残骸に行きあたるだろうし、海事学校のグラウンドには飛行場の一部も残っている。

　皮肉なことにベティオ島は今も日本の影響を受けている。桟橋の付け根にある一群の建物は日本企業が所有する冷凍魚工場である。魚工場の建設のため、脇に移設させられた第2師団戦没者記念碑の写真が数年前ロサンジェルスの新聞に掲載された。50年の歳月は価値観をも変えてしまうのである。

付録
APPENDIX

付録1
APPENDIX 1

第5水陸両用戦軍団および第2海兵師団の司令官および参謀

第5水陸両用戦軍団
司令官　ホランド・M・スミス少将
参謀長　G・B・アースキン准将

第2海兵師団
司令官　ジュリアン・C・スミス少将
副師団長　レオ・D・ハームル准将
参謀長　メリット・A・エドソン大佐

第2海兵連隊　デヴィッド・M・シャウプ大佐
第1大隊　ウッド・B・カイル少佐
第2大隊　ハーバート・エイミー中佐
第3大隊　ジョン・F・シェッテル少佐

第6海兵連隊　モーリス・G・ホームズ大佐
第1大隊　W・R・ジョーンズ少佐
第2大隊　レイモンド・マーレー中佐
第3大隊　ケネス・マクラウド中佐

第8海兵連隊　エルマー・E・ホール大佐
第1大隊　ローレンス・ヘイズ少佐
第2大隊　ヘンリー・クロウ少佐
第3大隊　ロバート・ルード少佐

第10海兵連隊　T・E・バーク准将
第1大隊　プレスリー・M・リクシー中佐
第2大隊　ジョージ・シェル中佐
第3大隊　マンリー・L・カリー中佐
第4大隊　ケネス・ジョージェンセン中佐
第5大隊　ハワード・V・ハイト少佐

第2水陸両用トラクター大隊
ヘンリー・C・ドゥルーズ少佐

第2戦車大隊
アレクサンダー・B・スウェンセスキ中佐

瓦礫の真ん中に立つこの奇妙な形の機械は、日本軍のコンクリート造砲台の後部にあった測距儀と思われる。左下に見える衣服と弾盒は日本兵の遺体のもの。

付録2
APPENDIX 2

ギルバート諸島守備隊の日本軍守備隊と基地駐屯部隊

司令部：ベティオ島
司令官　柴崎恵治少将

第3特別根拠地隊（もと横須賀第6特別陸戦隊）1,122名
佐世保第7特別陸戦隊　1,497名
第111設営隊　1,427名
第4艦隊設営隊（分遣隊）970名

報告された日本軍の火砲陣地

種別	米海兵隊推計数	'43年11月確認数	口径
沿岸砲台	4	4	203mm
〃	4	4	140mm
〃	6	6	80mm
高射砲	4	4	127mm連装
両用高射砲	8	8	70mm連装
高射機関銃	12	27	13mm
〃	4	4	13mm連装
対舟艇砲	6	10	九四式75mm
〃	5	6	九二式70mm
〃	6	9	九四式37mm
〃	16	31	13mm
〃	17	?	7.7mm
対戦車砲	14	14	37mm

付録3
APPENDIX 3

死傷者数

米海兵隊の損害評価部門は1947年に以下のリストをまとめた。

アメリカ海兵隊死傷者数

	士官	兵
戦死	47	790
負傷後に戦死	2	32
戦傷死	8	82
行方不明推定死亡	0	27
負傷後に行方不明推定死亡	0	2
負傷	110	2,186
戦闘疲労症	1	14
（合計）	168	3,133

日本軍死傷者数

タラワ島守備隊兵力	4,836
タラワ島戦死者数合計	4,690
日本人捕虜	17
朝鮮人労務者捕虜	129
アパママ島守備隊兵力	23
アパママ島戦死者数合計	23

タラワ島とアパママ島の日本兵は総兵力4,859名中、4,713名（97％）が戦死した。

　海兵隊の戦死者数は990名。この数字は本戦闘で一部の部隊が被った被害の深刻さを必ずしも伝えていない。たとえば第2および第8海兵連隊の死傷率は35％だった。第2水陸両用トラクター大隊の死傷率は49％、火焔放射器射手は66％が戦死した。海兵隊の戦死者の約50％は渡渉上陸中に戦死し、アムトラックは125台中72台が海岸に到達する前に破壊された。

　アメリカ海軍は空母リスコームベイの戦没により644名が、戦艦ミシシッピの16インチ砲塔1基の爆発により43名が戦死した。

　上記以外に小型の揚陸艇および輸送艇での損害があった。

関連書籍
FURTHER READING

Alexander, Joseph H., Across the Reef: The Marine Assault of Tarawa, Marine Corps History Center, Washington DC (1993)
ibid, Storm Landings, Naval Institute Press, Annapolis, Maryland (1997)
ibid, Utmost Savagery; The Three Days of Tarawa, Ivy Books (1997)
Buffetaut, Yves, Les Marines debarquent a Tarawa, Historie and Collections, Paris (1995)
Gregg, Charles, Tarawa, Stein & Day, New York (1984)
Hoyt, Edwin P., Storm over the Gilberts, Mason & Charter, New York (1978)
Hammel, Eric, 76 Hours. The Invasion of Tarawa, Pacifica Press, California (1985)
ibid, Bloody Tarawa, Pacifica Press, California (1999)
Russ, Martin, Line of Departure - Tarawa, Doubleday, New York (1975)
Shaw, Henry. I., 'Tarawa - A Legend is Born', Purnell's History of World War II (1968)
Steinberg, Rafael, Island Fighting, Time/Life Books Inc. (1978)
Sherrod, Robert., Tarawa The Story of a Battle, The Admiral Nimitz Foundation, Fredericksburg, Texas (1973)
Stockman, James R., The Battle for Tarawa, (Official USMC History), reprinted by Battery Press, Nashville, Tennessee
Vat, Dan van der, The Pacific Campaign, Simon & Schuster, New York (1991)
Wright, Derrick, A Hell of a Way to Die, Tarawa 1943, Windrow & Greene, London (1997)

埋葬が待たれる、マキン島で戦死した284名の日本兵のひとり。(National Archives)

◎訳者紹介 | 平田 光夫

1969年、東京都出身。1991年に東京大学工学部建築科を卒業し、一級建築士の資格をもつ。2003年に『アーマーモデリング』誌で「ツインメリットコーティングの施工にはローラーが使用されていた」という理論を発表し、模型用ローラー開発のきっかけをつくる。主な翻訳図書に『第三帝国の要塞』『シュトラハヴィッツ機甲戦闘団』などがある（いずれも小社刊）。

オスプレイ・ミリタリー・シリーズ
世界の戦場イラストレイテッド　5

タラワ 1943
形勢の転換点

発行日	2009年11月16日　初版第1刷
著者	デリック・ライト
訳者	平田光夫
発行者	小川光二
発行所	株式会社 大日本絵画 〒101-0054　東京都千代田区神田錦町1丁目7番地 電話：03-3294-7861 http://www.kaiga.co.jp
編集・DTP	株式会社 アートボックス 〒101-0054　東京都千代田区神田錦町1丁目7番地 電話：03-6820-7000 http://www.modelkasten.com
装幀	八木八重子
印刷/製本	大日本印刷株式会社

© 2001 Osprey Publishing Ltd
Printed in Japan
ISBN978-4-499-23008-7

Tarawa 1943
The turning of the tide

First published in Great Britain in 2001 by Osprey Publishing, Midland House, West Way, Botley, Oxford OX2 0PH. All rights reserved.
Japanese language translation
©2009 Dainippon Kaiga Co., Ltd